JN272192

景観利益の
保護法理と裁判

富井利安 著

法律文化社

はしがき

　本書は、私が東京都国立市の都市景観事件、京都市西京区の洛西ニュータウン事件、広島県福山市鞆の浦埋立免許差止請求事件及び東京都文京区の環境保全措置命令等請求事件（「銅御殿」事件）等の訴訟事件に係って、この10年余りの間に論じてきた文を基にこれらを構成し直して全8章にまとめたものである。

　私が景観の問題に関心を持つようになったのは、判例大系刊行委員会編・牛山積編集代表『大系 環境・公害判例　第7巻　自然保護、埋立、景観、文化財』（旬報社、2001年）のうち、「Ⅲ 眺望・景観」の部分を担当して執筆し、関連する裁判事例を網羅し分析検討して概説をしたことがきっかけとなっている。これを要約して第5回環境法政策学会で「眺望・景観訴訟判例の分析と法理論上の課題」と題して発表したものが同学会誌第5号『温暖化対策へのアプローチ』（商事法務、2002年）に掲載された。

　ちょうどその頃、東京地裁に係る国立景観事件の関係者から意見書を書くよう要望されて裁判所に提出する意見書なるものを初めて執筆した。それが問題意識をかき立てることになった。

　しかし、訴訟事件の現場から次々と出されてくる新奇の問題に対して法律学（特に民法学及び環境法学）がいかに対応できるか苦心を重ねることになり、その際の一番の難問は景観の法的（私法的・司法的）保護の前に立ちはだかる「社会通念」ないし「常識」ともいえる壁があり、これをどう乗り越えるかということであった。例えば、景観美の認識と評価は個人の主観に左右され法的保護に馴染まない、公共的利益たる景観につき個人・私人の権利性を認めることはできない、生活利益としての日照・通風・眺望利益と景観利益とは異質のものである、等々である。

　ただ、眺望阻害事例との境界にある景観侵害事例において、前者では私法的保護を認める裁判例が徐々に増えているのに、眺望利益より遥かに深遠な価値がある景観について法的保護を認めないのは納得できないといった素朴な疑問

を抱き、また前世紀までのわが国の司法判断においては、市民、住民が享受する良好な景観は反射的利益、事実上の利益でしかなく、法律上の利益とはいえないとされてきたことにも問題を感じて、種々論じてきたというのがいつわらざる気持ちである。

今世紀の初頭には、国立の事件ないし鞆の浦の事件等における裁判所の判断によってついに「景観利益」が「法律上保護に値する利益」であると承認されるに至ったことはまことに感慨深い。

以下、本書の構成に触れておきたい

「序章」は、本書の表題が「景観利益の保護法理と裁判」ということであるから、本論の前提となる基本的な用語、問題の所在、考察の視点などを書き下ろしたものである。

「第1章　眺望・景観訴訟判例の概観」では、眺望阻害訴訟と景観訴訟に区分して、裁判例の流れを鳥瞰し、その上で、それぞれにつき事件類型を析出してその特徴などを一瞥した。また、第2章以下の本論に繋ぐ前提として眺望・景観の保護の法理論の概要を摘示した。

「第2章　景観の法的保護」は、国立景観民事事件の1審原告・訴訟代理人より求められ執筆した「意見書：景観の法的保護について」(2002年8月作成、東京地裁に提出された。)が基になっており、後に広島法学27巻1号に「資料」として発表されたものである。これを本書に収載するに当たっては多少の書き加え及び字句の修正を行い、本文中に括弧書きで記した注記に番号を付して本文の末尾に移し、また2、3の注の追加を行ったほかは、原文を生かしている。

「第3章　景観利益の侵害の私法的救済」は、洛西ニュータウン事件の1審原告・訴訟代理人より、同控訴事件の大阪高裁判決(平成17・3・16判例集未登載)の当否につきどう考えるか意見を求められ、これに応じて執筆した「意見書：景観利益の侵害の私法的救済について」(2005年7月作成、同事案が国立事件に続き最高裁第1小法廷に係ったので最高裁宛てに提出された。)が基になっている。これも後に広島法学29巻2号に「資料」として掲載された。これについてこの度字句の修正に加え幾分かの内容の書き直しと補訂を行った。

「第4章　国立景観訴訟」は、国立事件における民事差止め等請求事件につ

はしがき

き第1審判決、控訴審判決及び最高裁判決（平成18・3・30民集60巻3号948頁）が出された時点において、それらについて論じてきた判例評釈及び論考をベースにして再構成し、リライト（書き直し）したものである。

本件1審判決が「景観利益」という用語を初めて採用して原告らの請求を認容し、さらに最高裁判決が「景観利益」は「法律上保護に値する」との初判断を示したことをきっかけに、同判決を引き出した法的要因、その判決の意義または問題点及び課題について詳しく論及したものである。

本章のうち特に「Ⅲ　最高裁判決の問題点と課題」の文章は、元は後掲の「初出一覧」に掲出した2つの論文「景観利益判決を超える地平」及び「景観利益判決の射程」の中で論じた本判決の「問題点と課題」を踏まえ、それらを統合した上で新たに書き直しを行ったものであることをお断りしておきたい。

「第5章　鞆の浦埋立免許差止め訴訟」は、当該の事案が訴訟となった場合に解釈適用が問われることになる公有水面埋立法及び瀬戸内海環境保全特別措置法との関係を論じ、その上でその後に出された埋立免許仮差止め訴訟の広島地裁決定及び埋立免許の差止めを認めた広島地裁判決の意義等を検討したものである。これは「福山市鞆の浦埋立免許差止め訴訟広島地裁判決の総合的検討」と題して関東学院法学20巻2号に掲載された一文が基になっている。

2012年6月25日、広島県知事は福山市長との会談の席上で「埋立て・架橋は港内の景観を不可逆的に改変し、観光面で中長期的にはマイナスを与える」と表明し、県が事業主体の埋立て・架橋計画を撤回し、山側トンネル案を軸に推進する方針を正式に伝えた。そのために上掲の論考を本書に収載するに当たっては相当の補正を行い、またその後の状況を書き加えた。

「第6章　景観利益判決の射程」は、上掲「銅御殿事件」の1審原告・訴訟代理人より、同事件の東京地裁判決（平成24・2・17判例集未登載）について意見を求められ執筆した「意見書:景観利益判決の射程」（平成24年6月作成、東京高裁に提出された。）に基づくものである。

この意見書では、最高裁判決以降その景観利益に関する判決要旨を引用し参照にする下級審の司法判断が結構多く出されていることに気付き、それらの司法判断が概して最高裁判決の影響力を極力抑制しようとする動きが認められる

iii

ことに対して、それが今後の進むべき方向とはとても思えないと考えるに至った。

そこで、最高裁判決の意義を再確認して、同判決の判旨は制限的に解釈されるべきでなく、もっと弾力的に解釈すべきであるとの観点からその判決の射程（妥当範囲）を明確にしようとしたものであり、その上で銅御殿事件に対してもその射程が及ぶという私見を述べた。

その後、この意見書の原文では本文中に括弧書きで引用文献等を明示していたものに番号を付して本文の末尾に注として挿入し、さらにこの原文では十分に論及できなかった点、すなわち上掲の判決がいうところの「住民らの意見等を求める手続き規定もない」といい切れるものかどうか疑問があると感じたことを「むすびに代えて」のもとに書き加えた上で、「景観利益判決の射程」と題して関東学院法学22巻2号に掲載した。

その論考を本書に掲載するに当たって、原文の「Ⅰ　景観利益判決以前の司法判断」及び「Ⅱ　景観利益判決の意義とその問題点」の部分を削除し、「Ⅲ　景観利益判決以降の司法判断」及び「Ⅳ　景観利益判決の射程」の原文をほぼそのまま生かして本書の第6章に収載したものである。

なお、本論文の発表後本件控訴事件の東京高裁判決が出された（平成25・10・23判例集未登載）。結果は控訴棄却であり、本件1審判決と同様に控訴人らは行政事件訴訟法が定める義務付けの訴えを求める原告適格を欠き、また確認の訴えにつき確認の利益を欠き不適法というものである。この判決に対してこの度批判的な検討を行った一文を書き加えた。

2013年10月26日、韓国釜山市の東亜大学校で開かれた第23回韓日土地法学術大会で報告する機会があり、「景観利益の保護―民事法からのアプローチ」の口頭発表を行った。この学会の統一テーマは「景観利益の保護」であった。韓国の研究者のこのテーマに対する問題関心は極めて高く、その研究報告等から学ぶことが多々あると感ぜられ、私にはとても良い刺激となった。

この報告は従前の研究を要約したものに過ぎないけれども、この折に民事救済法理のうち、これまで十分に論じてこなかった「不法行為規範以外の規範による救済」の問題ないし課題について多少の考察を行った。

はしがき

　「終章　景観利益判決を超える地平」は、上記の考察の機会に特に景観侵害と差止請求権の問題をもっと詰めて研究する必要を感じ、この終章に相応しいものとすべく「Ⅲ　景観侵害と差止請求権」という項目を立ててほぼ全文を書き下ろした。ここでも参考のためイギリス不法行為法のニューサンス法理の適用が争点となった比較的新しい事件にも言及した。

　以上第1章ないし終章の論考は、それぞれが一個の独立した論文の形式を成している。それらを一書にまとめた本書の内容には多少の繰り返しや重なる記述があることは否めない。できる限り重複する部分等は整理したつもりである。ただ、「景観利益の保護法理と裁判」の研究に少しでも進展の跡が見られるとするならば、原著論文の論旨をなるべく生かしたほうがよいとも考えて大幅な見直しは行わなかった。この点はご海容を賜りたい。

　前述したように最高裁判決以降の司法判断においては、一部を除きその新しい判示事項をなるべく制限的に解釈しようとする傾向が顕著である。これは、東日本大震災及び原発事故による未曾有の大規模な災害に見舞われ、かつて経験したことがないような国難を抱える時世の空気を微妙に反映したものなのであろうか。

　より正確にいえば、下級審裁判所の景観利益に関する判断はむしろ「揺れ動いている」というべきかもしれない。その司法判断が遠くない近未来においてより良い方向に進むことを強く願うものである。これが本書をあえて刊行する動機となった。この書がそのための幾分かの参考になれば幸いである。

　おわりに、本書の出版をお引き受けいただいた法律文化社の方々に厚くお礼を申し上げる。編集等に当たっては小西英央氏に終始お世話になった。心より感謝の意を表する。

　　2014年5月3日　　憲法記念の祝日に

　　　　　　　　　　　　　　　　　　　　　　　　富井　利安

目　次

はしがき

序　章 …………………………………………………………… 1
　Ⅰ　景観とは何か　1
　Ⅱ　景観利益という概念　2
　Ⅲ　景観の価値及びその法的保護のあり方　3

第1章　眺望・景観訴訟判例の概観 ……………………… 6
　Ⅰ　眺望訴訟と景観訴訟の区分　6
　Ⅱ　眺望阻害訴訟事例の類型　8
　　1　旅館事業者等の事例　8
　　2　広告看板等遮蔽事例　9
　　3　マンションに関する事例　10
　　4　その他の事例　14
　Ⅲ　景観訴訟事例の類型　14
　　1　自然景観に関する事例　15
　　2　歴史的景観に関する事例　17
　　3　都市の風致・美観・景観に関する事例　19
　　4　その他の事例　21
　Ⅳ　小　括　22

第2章　景観の法的保護 …………………………………… 31
　Ⅰ　環境権と景観享受権　31

1　人権としての環境権の承認　31
　　2　環境権の個別・具体化の課題　31
　　3　景観享受権（景観権）とは何か　32
　　4　環境権の公法上の側面　36
　Ⅱ　景観享受権の侵害と民事違法論　37
　　1　民事違法性の判断基準　37
　　2　景観侵害と民事違法性　38

第3章　景観利益の侵害の私法的救済 …………………… 42

　Ⅰ　景観利益の権利性が認められるべき法的論拠　42
　　1　景観法の基本理念　42
　　2　社会共通の財産としての景観と「景域」概念　43
　　3　景観権の法関係と法的主体　44
　Ⅱ　景観利益が認められるべき現行法上の根拠　45
　　1　景観利益と行政事件訴訟法第9条等　45
　　2　景観利益と民法第709条　47
　Ⅲ　景観利益等の侵害が不法行為となる場合のその要件と効果　51
　　1　権利侵害・違法性の要件　51
　　2　故意・過失の帰責要件　54
　　3　責任主体と損害賠償額の算定　56
　Ⅳ　京都洛西ニュータウン景観事件の控訴審判決　58

第4章　国立景観訴訟 ……………………………………… 67

　Ⅰ　国立景観訴訟とは何か　67
　　1　国立景観事件の経緯及び事実の概要　67
　　2　民事1審判決　69
　　3　民事控訴審判決　72
　　4　最高裁判決とその意義　74
　Ⅱ　最高裁判決にインパクトを与えた法的要因　77
　　1　景観の権利性をめぐる学説の議論　77
　　2　環境権の思想・理念の継承　78
　　3　眺望阻害訴訟事例の累積　79
　　4　行政訴訟における「法律上の利益を有する者」の解釈による拡大　79
　　5　新たな立法措置　80

Ⅲ　最高裁判決の問題点と課題　80
　　1　景観利益の法的主体は誰か　80
　　2　景観侵害の軽視の問題　81
　　3　「生活妨害」とは何か　83
　　4　違法性に係る判示事項の問題　85
　　5　原状回復請求の可否　87
　　6　妨害排除請求権の法的根拠　87
　　7　予防的差止請求権の論拠　88

第5章　鞆の浦埋立免許差止め訴訟　95

　Ⅰ　本訴提起に至るまでの経緯　95

　Ⅱ　本件事案と「公水法」及び「瀬戸内法」との関係　98
　　1　公水法の解釈・適用　98
　　2　瀬戸内法の解釈・適用　102

　Ⅲ　埋立免許仮差止め訴訟広島地裁決定　103

　Ⅳ　埋立免許の差止めを認めた広島地裁判決の意義　105
　　1　国土交通大臣の言明　105
　　2　広島地裁判決の意義　106

第6章　景観利益判決の射程　118

　Ⅰ　景観利益判決以降の司法判断　118
　　1　景観利益判決の判旨の引照と民事訴訟　119
　　2　景観利益判決の判旨の引照と行政訴訟　123

　Ⅱ　景観利益判決の射程　133
　　1　景観利益判決の射程の検討　133
　　2　環境保全措置命令等請求事件の判決　140

終章　景観利益判決を超える地平　152

　Ⅰ　景観利益とは何かの再措定　152

　Ⅱ　互換的利害関係の法理の妥当範囲　153

　Ⅲ　景観侵害と差止請求権　154

1　景観利益の享有主体　　154
　　2　差止請求権の法的根拠　　155
　　3　差止請求と民事保全訴訟　　156
　　4　差止違法性の要件　　157
Ⅳ　おわりに　　166

　初出一覧　　171

序　章

I　景観とは何か

　景観とは「風景外観。けしき。ながめ。また、その美しさ。」とされ、また、眺望とは「遠く見渡すこと。見渡したながめ。みはらし。」とされる。[1]

　わが国では、風景、観望、眺望などは古くから用いられてきたが、景観は、明治時代に植物学者の三好学がドイツ語のLandschaft（ラントシャフト）に与えた名称に由来するといわれており[2]、比較的新しく使用されるようになったものである。

　景観とは何かについての正確な定義は難しいものの、端的に「眼に映ずる景色の特性」[3]ともいわれる。ここでは差し当たって、景観とは様々な自然の事物ないし人為の事象から成る人間を取り巻く外界の客観的な形象である、と規定しておきたい。それは、観望する主体としての人間が認識する心象でもある[4]から、景観美ともいわれるように、おのずと美醜あるいは良否という価値理念を含むものである。

　また、景観は、「地理学的景観は一つの統一的風景像をもった地域個体である」[5]といわれるように、地理学や植物学などの立場からは地形あるいは植生等において地域的特性を有するものといえる。

　なお、Landschaftの訳語としては景観より風景の訳語が適切という意見がある。その論者によれば「自然的・風土的生が風景として現象し、そこに歴史的・文化的人間の生が統合されて景観となる。」[6]ということである。

Ⅱ　景観利益という概念

　法律学においては、かつて景観の法的保護が正面から論じられることは殆どなかったといってよい。1970年代に入り「環境権」が提唱され、その保護対象としての環境素材の１つとして日照、眺望などと並んで景観が触れられる程度であった。ただし、当初から眺望と景観の違いが意識されてきたことがうかがえる[7]。

　よく知られているように、1990年代に「京都ホテル事件[8]」及び「和歌の浦事件[9]」において、「宗教的・歴史的文化環境権（景観権）」ないし「歴史的景観権」が主張されたことがきっかけとなり、この頃から景観の法的保護をめぐる議論がなされるようになって、地方自治体の景観条例の制定などが進められてきたといえる。

　「景観利益」とは法律学ではごく普通に使用されてきた用語である。市民は等しく「日照利益（日照権）」「眺望利益（眺望権）」「環境利益（環境権）」を享有しているといわれるのと同様に「景観利益（景観権）[10]」を有する、というように用いるのである。景観利益というと何か功利主義的なニュアンスが感じられるという批判が有り得るが、法学の世界では権利＝利益説もあるように格別斬新な概念ではない。

　「景観利益」という用語を初めて採用したのは後述する国立景観差止等請求事件における東京地裁判決である。完成したマンションの１棟の高さ20mを超える７階以上の撤去を命じたもので、当時の新聞では、「街並みは公共財産だ」「『景観利益』という新しい考え方で司法救済に道を開いたものとして評価したい。[11]」あるいは「景観論議に一石投じた判決」『景観利益』があると認定したのも異例である[12]。」などと報道された。このように、「景観利益」とは目新しい・異例の概念といった受け止め方が一般的である。

　同事件の最高裁判決も、１審判決とは景観利益の捉え方は異なるものの、最高裁として初めて「景観利益」は「法律上保護に値する利益」であるとの判旨を打ち出して以来、昨今では景観利益は裁判用語としてほぼ定着したものとい

える。

なお、最新の学説では「景観」ないし「景観利益」が訴訟制度等にとって「ブレーク・スルー」的役割を担ったと評価する意見が出され[13]、また、民法及び環境法の教科書においても景観利益が取り上げられ、最高裁判決が引用されるようになった[14]。

Ⅲ　景観の価値及びその法的保護のあり方

良好で優れた景観そのものが有する価値とはいかなるものであろうか。前述したように、景観は観望する主体が認識する心象でもあるから、その価値評価は個々人の主観に左右される面があることは否定し難いし、現に景観認識と評価の主観性ということがしばしばいわれる。

しかし、最高裁判決が明言するように、良好な景観が客観的な価値を有することは明らかである。しかも、それが貴重な公共財であることも多言を要しない。自然景観であれ都市景観であれ、はたまた歴史的・文化的景観であれ、長い年月を経て形成され維持されてきたものであるから、それが毀損され破壊されると取り返すことがおよそ不可能な絶対的損失をもたらす。

景観の価値は奥深くて容易に測り知れないものであるから、それを定量的に測ることは困難である。したがって、ある景観の美醜あるいは良否を決める客観的な基準を見定めることも容易ではない。しかも、景観は地域固有の特性を有するものであるから、普遍的な一律の基準を設けることも難しい。

しかしながら、景観の価値を決める客観的な基準がないとはいえない。それは、つまるところその地域に住まう住民あるいはその時代時代に生きる人々の社会意識、社会通念によって決せられるというほかない。

2004年に景観法が制定され2005年に施行された。この時点で約500の数に迫る地方自治体が景観自主条例等を有していたのであるが、国土交通省によれば、2013年9月30日現在、景観行政団体598団体、景観計画設定団体399団体、景観地区設定36地区及び景観協定締結44地区等である。

良好な景観が公共性・公益性を有することに異論はない。そして、そのよう

な景観の維持・形成は第１義的にはこのような景観法及び景観条例等によって法的に保護すべきであり、その保護規準等が法令で明示されることが望ましいことも論をまたない。

2010年2月、「5階建てマンション　景観法で芦屋市『NO』全国初」という新聞記事がトピックになった。これは、景観地区での計画建築物がその規模の大きさ等で閑静な住宅街の景観と調和しないと不認定とされたものであり、上記法制度の趣旨が生かされた好例と評価されよう。

しかしながら、昨今増えてきた景観紛争はかかる法制度が良好な景観侵害の未然防止のために十分に機能していないという事実を突き付けているといえないであろうか。学説にあっても、わが国では「計画なければ開発なし」の原則が存在せず、景観法も「メニュー追加方式」を脱却していないとする指摘がある。

本書は、以上のことを踏まえ、法制度の隙間から生じてくる景観の侵害事例に対して裁判に拠る救済の方途を開いておくべきであるという問題意識に立つものである。これは、人権としての「裁判を受ける権利」（日本国憲法第32条）の規定を援用するまでもなく当然のことである。

ただ、以下第1章で概観するように、眺望阻害訴訟事例においては、眺望の保護について私法的・司法的救済を認める裁判例が増えているのと比べて、景観訴訟事例においては、司法による救済は極めて消極的といわざるを得ない。これは衡平とはいえない。眺望の価値は「眺望景観」ともいわれるように、良好な景観の存在に依存するものであり、景観の保護こそが本筋であるといえるからである。

景観紛争の司法的救済の主題は景観侵害の差止めにある。このテーマに対しては私の専門からして民事差止め訴訟を基軸とした私法的救済法理の考察に焦点を当てざるを得ない。ただし、本書では一部「行政差止め訴訟」等も取り上げている。後者については、行政法ないし環境法からのより一層の専門的な探究が待たれる。

序　章

1)　以上、新村出編『広辞苑〔第6版〕』（岩波書店、2008年）855頁、1837頁。
2)　辻村太郎『景観地理学講話〔第7版〕』（地人書館、1942年）1頁、小学館国語辞典編集部編『精選版　日本語大辞典　第1巻』（小学館、2006年）1715頁、武内和彦「けいかん　景観」『世界大百科事典〔改訂新版〕』（平凡社、2007年）453頁など。
3)　辻村・上掲1頁。
4)　後藤春彦『景観まちづくり論』（学芸出版社、2007年）51頁以下参照。
5)　山野正彦『ドイツ景観論の生成―フンボルトを中心に』（古今書院、1998年）22頁。
6)　水島信（ドイツ・バイエルン州建築家協会所属）「居住空間と景観」龍谷大学里山学研究センターホームページより。http://kyoto21c.exblog.jp/18814758/。2013年9月7日最終閲覧。
7)　大阪弁護士会環境権研究会編著『環境権』（日本評論社、1973年）83頁以下など、三島宗彦「46　京都岡崎有楽荘事件」加藤一郎・淡路剛久編『公害・環境判例』（有斐閣、1974年）168頁、沢井裕「〔808〕京都岡崎有楽荘事件」谷口知平編集代表『判例公害法』（追録式）（新日本法規出版、1971年）〔コラム〕8251頁及び〔評釈〕8255頁、淡路剛久『環境権の法理と裁判』（有斐閣、1980年）110頁など参照。
8)　京都地決平成4・8・6判時1432号125頁、京都地判平成6・1・31判例自治126号83頁。
9)　和歌山地判平成6・11・30判例自治145号36頁。
10)　本書では、景観享受権、景観権、景観利益などの言葉を使い分けているが、それらは、法解釈学的には区別すべきということになろうが、新しい人権として承認されるべき「環境権」の具体の内容を成すものとしては同義であり、また法社会学の立場ではほぼ同じ意味内容を有するものとして用いていることをお断りしておく。
11)　朝日新聞2002年12月19日社説。
12)　日本経済新聞2002年12月19日社説。
13)　角松生史「『景観利益』概念の位相」『新世代法政策学研究20号』（北海道大学情報法政策学研究センター編集・発行、2013年）273頁参照。
14)　内田貴『民法Ⅱ〔第2版〕債権各論』（東京大学出版会、2007年）346頁以下、潮見佳男『不法行為法Ⅰ〔第2版〕』（信山社、2009年）246頁以下、藤岡康宏『民法講義Ⅴ　不法行為法』（信山社、2013年）76頁以下、大塚直『環境法〔第3版〕』（有斐閣、2010年）68頁、北村喜宣『環境法〔第2版〕』（弘文堂、2013年）219頁など。
15)　毎日新聞2010年2月13日。
16)　野呂充「都市景観行政と建築の自由」阪大法学62巻3・4号（2012年）109頁。

第1章　眺望・景観訴訟判例の概観

I　眺望訴訟と景観訴訟の区分

　2012（平成24）年12月時点で、主として眺望及び景観の保護が焦点となった裁判例のうち、私が独自に収集できた判例集掲載等（一部は未登載）の事例は、事件数で前者ではおよそ43件、後者では約50件ほどになるかと思われる。[1]

　ここでは、これらの裁判事例の歩みを分析し、眺望及び景観の法的保護に一歩一歩向かって進むそのときどきの道しるべとなったともいえる裁判例に着目し、その特徴などを概観する。

　序章の書き出しで引用した「景観」と「眺望」という言葉の意味について、両者に共通する「ながめ」に着目すると一見してこれを区別することは困難なように見える。しかし、眺望は見渡しながめる側の主体にアクセントがあるのに対して、景観はながめられる対象・客体にアクセントがあり、審美的要素を含む客観的な形象であるとすると、両者の違いは単にニュアンスの相違に過ぎないとはいえないように思われる。英語圏でも、view または prospect が眺望に相当し、landscape が景観に相当するというように区別されている。前者につき blocking a view（眺望の阻害）といわれることがあるが、後者についてはそのようにいわれることはないように思う。

　本書でも、眺望と景観は差し当たって区別する。そして、前者については「眺望阻害」、後者については「景観破壊」「景観毀損」「景観侵害」といった言葉を用いる。

　幾多の訴訟事例を分析して得られる知見では、眺望阻害訴訟事例では、特定の旅館事業者等あるいは私人・個人が客室や居宅等で享受している眺望利益

(その内容は事業者にとっては営業利益・財産的利益といえるし、私人・個人にとってはむしろ生活利益ないし人格的利益ともいえる私的権利利益の要素が強い。)が近隣の建築物等の建設によって遮られるといったことが問題とされる。一方、景観訴訟事例では、景観侵害に利害関係を有する特定の地域住民及び各種の団体あるいは不特定多数の市民及び観光客などが享受する公共的利益もしくは集合的利益ともいうべき優れた景観そのものが壊され崩されるといったことが問題とされ、観望地点としては、住民の生活圏域、公道、公園、海浜地、登山道及び展望場所といった所から見える風景外観の有り様が強く意識されている。

以上、本書では眺望阻害訴訟事例と景観訴訟事例とを区分して取り扱うが、無論「眺望景観」とも称されるように両様の側面を有する事例がないわけではない。眺望景観とは、「外的環境を眺める人間の視点と、眺める対象となる外的環境の相互関係に着目した景観の概念」という定義づけ[2]が参考となる。

眺望・景観訴訟は公害訴訟と比肩される環境保護訴訟の類型に含められる。そのうち、眺望阻害は、日照妨害・通風阻害・圧迫感被害・プライバシーの侵害等の「消極的生活妨害」[3]の事例と境界を接し、景観・美観・風致等の毀損は、地域の生活環境・文化財・自然の破壊などの事例と境界を接するので、境界線にある事例をいずれにカウントするかは論者によって異なり得る。

ここで眺望阻害訴訟事例に数え上げた事件においては、専らあるいは主として眺望阻害のみが問題となったものは多いとはいえず、しばしば日照妨害・通風阻害などと並んで援用されている。

なお、前述したように、保護法益としての眺望と景観を区分して取り扱う理由は単にそれが望ましいというだけでなく、法的保護の可能性を探究しまた法制度の的確な構築を図るためには両者を区別するのが妥当と考えている。

ところで、時期的には眺望訴訟事例がまず先行し、その後に景観訴訟事例が続く観があるけれども、両者ともに、近年特に高層マンション等の建築をめぐる事案が徐々に増加する傾向が見られるのは何故であろうか。

それには、以下のような事情があるものと思われる。1976(昭和51)年に、建築基準法の改正による「日影規制」が導入されて以降、そのころ多発していた日照権訴訟は大幅に減少することになった[4]。その反面で、マンション・一般

住宅の眺望利益が日照・通風などとも区別される独自の生活利益として法的保護に値するとの判旨を打ち出す裁判例[5]が現れたことがきっかけとなって、日照と並ぶ眺望を前面に押し出す訴訟戦略がとられるようになったからであろう。

景観訴訟の多発についても、同じような事情がある。つまり、環境権の主張に否定的な判決が続いてきたので、意図すると否とにかかわらず、環境権の個別具体的な要素でありそのシンボルともいえる景観権に着眼し、それを強く押し出すことによって、環境権訴訟の隘路を打開しようとする試みでもあるように思われる。

以下に、眺望訴訟、景観訴訟ともに幾つかの類型を設けてそれぞれの事例に特徴的な法的問題を摘示する。類型を識別する基準はあくまでも相対的でかつ便宜的なものに過ぎないけれども、それぞれの裁判例がかなりの件数に上るようになったことや事件類型によっては法的に保護されるべき利益の内容が異なり、その保護法益の性質及び保護の規準も一様ではないといった理由に基づくものである。

II 眺望阻害訴訟事例の類型

以下、眺望阻害事例を1 旅館事業者等の事例、2 広告看板等遮蔽事例、3 マンションに関する事例及び4 その他の事例の4群に区分する。[6]

1 旅館事業者等の事例

この類型事例は、比較的初期の段階で現れたものであり、いずれも観光地での旅館、料理飲食店、土産物店などを営む事業者の土地建物からの眺望が阻害されるというもので、これを「観光眺望権」と称する学説もある。[7]これには別表1（以下「別表1」を省略する。）の①猿ヶ京、③琵琶湖、④白浜、⑥鳥羽湾、⑨岡崎有楽荘、⑯松島海岸の6例が挙げられる。これらはすべて工事禁止の仮処分申請事件である。①、⑨及び⑯で差止認容の判決・決定が出され、他は却下例である。

①猿ヶ京事件は仮処分の認可決定に対するY旅館業者からの異議事件に関

するものである。本件1審・控訴審判決ともに、X旅館の客室から望む赤谷湖の眺望を阻害する債務者・控訴人の建築行為には「害意」が認められ民法第1条3項の権利濫用であると判示した。

⑨岡崎事件及び⑯松島事件の仮処分認容決定には理由が付されていないが、Xにとっての良好な眺望の阻害のみならず、周辺の観光地の風景をも害することが考慮されたことがうかがえる。ただ⑯では、仮処分に対する異議事件における1審・控訴審とも権利濫用を認めずXの逆転敗訴の判決となった。

旅館事業者等にとっての眺望は、一般の住宅にとってのそれと同様に、それが生活利益の一部を成し、それに精神的安らぎを求める人格的利益が含まれることは明らかであるが、しかし、それが営業利益の側面を有することも否定し難い。④白浜事件や⑯事件のように同業者間で争われた事例で、裁判所が、社会的に相当でやむを得ない眺望の阻害は営業の自由という財産権に基づく適正競争の範囲内の問題に過ぎないとの判旨を採用しているのはそのことを意識しているからだと思われる。

2 広告看板等遮蔽事例

これには②、⑤、⑭及び㊱の4例がある。②のXは、電光ニュース速報及び商業宣伝広告を営む会社であり、Yは建物の建築注文主及び建築請負会社であって、建物の建築に伴い電光広告の展望が妨げられたとして損害賠償が請求された事案であり、⑤は、店舗名を表示した看板が隣接地の事業者の看板の設置によって遮られ観望の一部が阻害されたとして妨害排除及び損害賠償が請求された事件である。いずれも請求棄却である。

また、⑭のXは、ビルの屋上塔屋に広告看板掲出用の権利を得て顧客の屋外広告をしていた会社であり、Yが隣接地に高層マンションを建設した結果看板広告の展望が妨害されたとして損害賠償に及んだ事件であり、㊱のXは、建物の屋上に広告看板を設置していた会社であり、Yが隣接地に建設した建物の完成及びその広告看板の設置により自社の看板の観望が制約されたとして、Y建物の屋上に同一規模の看板を設置せよと請求した事案である。いずれも請求棄却である。

事業所等の位置を示す見慣れた看板・標識板あるいは広告看板が遮られると不特定多数の公衆にとっても不都合（その不利益が「眺望阻害」といえるかは疑問もあろう。）が生じるということはある。しかし、一般公衆に対する観望効果をねらった商業広告板のような遮蔽事例では、純然たる営業利益に係わる問題として割り切るほかない。市街地の土地利用のあり方からすれば、かかる営業利益が保護されなかったとしてもやむを得ないであろう。

　なお、㊱のＸは、「広告表示権」「広告表示利益」の侵害を主張し、それが「景観利益」などと共通する面があると述べている。しかし、広告表示利益とは広告主の経済的利益ないし営業利益であって景観利益とは異質のものである。むしろ、過度の商業広告看板は住民・市民の有する景観利益と衝突・対立する場合があり、景観法や屋外広告物法等による規制の対象となるものである。

3　マンションに関する事例

　この事例は、さらに（1）マンション等の建築によるマンション住民の被害事例、（2）マンション購入解約事例、（3）マンションの建築による低層住宅等の被害事例に区分される。

　（1）　マンション等の建築によるマンション住民の被害事例

　これには、⑩、⑫、⑱、⑳、㉔、㉘、㉙、㉜、㉞、㉟、㊴、㊵、㊶及び㊸の各事例が挙げられる。この事例群では、マンション住民らが享受する眺望等が隣接地（多くは南側であるが、東・西側の隣地・近隣地の場合もある。）に建設されるマンション（ただし、⑳では保養所の建物、㉜では社員用社宅の建物）によって阻害されるとして損害賠償または建築禁止の仮処分が求められた点に特徴がある。

　この事例群に限らず、眺望等阻害事例一般つき、学説では、「みせかけの快適な住環境」を奪われた事例においては、売主の瑕疵担保責任の問題として構成すべきとするものがあり、また、環境瑕疵と契約責任の視点から「隣地に売主の支配が及ばない場合（第1類型）」と「隣地に売主の支配が及ぶ場合（第2類型）」に区分して論じる見解、「眺望利益侵害型（第3者による建物の建築によって自己の眺望が侵害される場合）」と「信頼違背型（売買の当事者間で、眺望に関す

る説明の有無・内容を巡って事後に紛争が生じる場合)」に区分するもの及び「第三者原因型」と「売主原因型」に区分するものなどがある。

　上記の「第1類型」・「第2類型」等の区分方式に従い上掲の⑩〜㊸の14事例がいずれに相当するかを見ておく。

　まず、「第2類型」(もしくは「信頼違背型」「売主原因型」)の典型例を挙げるのがわかりやすい。それは、マンションの売主が「日当たり良好、眺望の良さ」等をセールストークに販売しておきながら、後にその当の売主が近隣地に別のマンションを建てたことにより眺望等が阻害されるというケースである。上掲の㉘、㉙、㉞、㉟、㊴、㊶及び㊸がこれである。

　このリーデングケースともいえる㉘多賀城マンション事件の決定は、YはXらに対しその眺望・日照を阻害する建物を建築しないという信義則上の義務があり、その義務違反の背信性は著しいとの理由で一定の範囲(8階建てマンションの未着工の8階部分)の建築差止の仮処分を認めた。同様に、㉙草津リゾートマンション事件の判決は、Yらの信義則違反の共同不法行為を認定しX(1名)に対し694万8000円の損害賠償を認容した。なおまた、信義則違反を理由に損害賠償を認容したものに㉟及び㊴がある。一方、㉞、㊶及び㊸は信義則上の説明義務違反等の否定例である。

　上掲14事例のうち残りの7件は、マンションの売主以外の第3者が南側隣地等にマンション等の建物を建てたという事例である。それらは「第1類型」(もしくは「眺望利益侵害型」「第三者原因型」)が殆どといえよう。しかし、留意されるべきは、この場合でも南側隣地に建物が建てられる事実を売主が契約締結準備段階で「調査解明、告知説明」する義務があるといえるような場合には信義則違反となることを示唆する判決(⑩、⑱)があり、また、マンションの分譲業者が販売時に南側隣地にマンションの建築計画があることを容認しあるいは知っていながらその事実を告知し説明しないで分譲した場合に、売主の損害賠償責任を認容した判決がある(㉔及び㉜)。この㉔芦屋マンション事件の判決は「被告の本件南側土地の売却は、被告が本件南側土地に本件マンションの眺望を阻害する建物を建築することと同視される違法な行為である」と不法行為責任を認め、㉜の港区マンション事件の判決は「重要事項告知義務の不

履行」責任を認めている。

　以上の事例は上記の「第三者原因型」等に含まれるように見えるが、実質は「売主原因型」（もしくは「信頼違背型」「第2類型」）に含まれるものといえよう。

　なお、⑫の熱海フジタマンション事件の東京高裁の決定は、抗告棄却例であるが、眺望利益の価値について裁判所として初めてその保護要件等を詳細に説示しており指導的先例としての意義を有する。

　（2）　マンション購入解約事例

　これには以下の事例が挙げられる。⑲御宿リゾートマンション事件、㉓湯田中温泉事件、㉚二条城事件及び㊲福岡手付金返還等請求反訴事件がこれである。

　⑲事例では、売主Ｙが「全室窓辺に海を眺める」と新聞広告をし、「あの地区最後の高層リゾートマンション」「御宿町の条例により今後4階以上の建物は建てられなくなりました。」などと説明して販売した12階建てのマンションの購入者Ｘらが後にその東南方向に建築された14階建てのマンションにより眺望等が大幅に損なわれたので、Ｙを相手に錯誤による契約無効、詐欺による取消し及び瑕疵担保責任を理由に売買代金の返還を求めたものである。この事件はＹの誤情報による契約締結のケースであるから、一見「売主原因型」「信頼違背型」の類型に属し原告らが一定救済を認められてもよさそうな事例であるが、本判決はＸらには動機の錯誤が認められると認定したものの、日照、眺望は「周辺における客観的状況の変化によっておのずから変容ないし制約を被らざるをえないものである」と判示し請求を棄却した。㉓事件は、リゾートマンションの区分所有者Ｘが隣接マンションの築造により眺望が阻害されたとして、売主Ｙの告知義務違反等を理由に契約の取消し等の意思表示をし、売買代金返還請求に及んだ事例である。判決はＸの錯誤は動機の錯誤に過ぎないとして請求を棄却した。

　㉚の事例は「マンション青田売りに説明義務」などと新聞報道された事件である。本件Ｘは、モデルルームを見学し、北側洋室のバルコニーから二条城の緑を眺望することができるなどの説明を受けＹとの間でマンションの6階の1室を購入する契約を結び手付金を支払った。ところが、実際には西側窓の

すぐ正面に隣接ビルのクーリングタワーがあるため、窓に接近しないと二条城の緑が殆ど見えない状態であった。そこでXは契約解除、手付金返還等を訴求した。本件1審判決は請求棄却であったが、2審判決は手付金返還及び慰謝料を含め558万円の損害賠償を認容した。

㊲事例のマンションは販売用パンフレットに「全室オーシャンビューのリビングが自慢です。」と記載して販売された。ところがY（買主）が購入したマンションのリビングから窓を眺めるとベランダのすぐ外に電柱、支柱及び送電線が見える状態であった。X（売主）はYが残代金等を支払わなかったため契約解除違約金請求の本訴の訴えをし、これに対しYが手付金返還等請求の反訴に及んだものである。判決は、Xの請求を棄却する一方、「眺望に関係する情報は重要な事項」であると認定し、「買主は売主の説明義務違反（債務不履行）を理由に当該売買契約を解除することができる」と判示し、YがXに対して求めた手付金（100万円）の返還及びオプション工事代金96万円余の支払いを認容した。

(3) マンションの建築による低層住宅等の被害事例

これには、⑪、⑮、⑰、㉑、㉒及び㉛の各事例が挙げられる。

⑪の青葉山マンション事件の決定は、マンション業者Yに対して目隠し・アンテナの設置、塔屋部分の形態の変更及び北東角の1戸の建築工事の禁止の仮処分を一部認容した。⑮の判決は、高層マンションの建築によりXの建物の「採光、眺望（開放性を含む。）が著しく阻害され、」受忍限度を超えるとしてマンション業者Yの不法行為責任を認め総計80万円の慰謝料等の損害賠償を認容した。⑰事例のXは別荘所有者であり、Yに対しリゾートマンションの建築禁止の仮処分を申立てた。1審却下、抗告棄却の決定で確定した。

㉑の木曽駒高原事件の判決は、Xの社員保養用の別荘からの眺望がYの高層リゾートマンションの築造によって著しく阻害されたと認定し、別荘の資産価値の減価等237万円余の損害賠償を認めた。㉒のマンション事件の判決は、眺望阻害等は受忍限度内とし、ただ工事中の粉塵、振動、騒音による被害に対する損害賠償を一部認容した。㉛事件の1審判決はY建築の高層マンションによるX居宅の眺望阻害につき、Yに対し不法行為による損害（慰謝料）120万円の賠償を認めた。ただ、控訴審判決は受忍限度を超える立証がないとしてX敗

訴となった。

4　その他の事例

これには、⑦、⑧、⑬、㉕、㉖、㉗、㉝、㊳及び㊷を挙げておきたい。

⑦武庫山事件では、採光、通風、眺望などの悪化を防ぐため３階以上の建物は建てない等の建築制限特約のもと住宅地の区画を販売したX₁会社及び同地の建物の居住者X₂らは、Yが３階建ての共同住宅を建築しようとしたため、それぞれ３階以上の建物禁止の仮処分を申請した。本件判決はこれを認容した。

⑧平安閣事件の判決は、Xのいう「平安神宮の森を望見すること」すなわち眺望の被害は受忍限度内としつつも、Yの旅館建築工事はXの「生活上の平穏を害し」不法行為が成立すると判示し10万円の慰謝料を認めた。

⑬横須賀野比海岸事件の判決は、「眺望も、地域の特殊性その他特段の状況下において、右眺望を享受する者に一個の生活利益としての価値を形成しているものと客観的に認められる場合には、濫りにこれを侵害されるべきでないという意味において法的保護の対象となる」と判示し、Yの権利濫用を認定しX夫妻両名に各100万円の慰謝料を認容した。本件は一般住宅の眺望阻害の先駆的事例である。

㉕は、建築協定等の違反を理由として建物の３階部分の撤去請求が認められた珍しい事例である。

㊷の真鶴町別荘眺望阻害事件の決定は、X所有の平屋建て別荘の眺望のほぼ全部がYの予定した建築物の壁面によって遮られると認定し建築禁止の仮処分を認容した。

以上の他の上掲㉖、㉗、㉝及び㊳はいずれも訴えが退けられた事例である。

Ⅲ　景観訴訟事例の類型

これは、ありきたりの区分であるが、1　自然景観に関する事例、2　歴史的景観に関する事例、3　都市の風致・美観・景観に関する事例、4　その他の事例に大別する。

本書第2章以下で取り上げる典型的な「景観訴訟」事例といえる国立景観事件等及びそれ以降の諸事例は後に言及するのでここでは触れない。また、後掲の別表2・景観訴訟事例においてもそれらは省略した。したがって、別表2（以下「別表2」を省略する。）の①〜㉘掲出の事例がここでの考察対象である。

1 自然景観に関する事例

これは（1）初期の訴訟事例、（2）私権の制約と自然景観の事例に区分する。

（1） 初期の訴訟事例

これには①、②、⑤及び⑩が挙げられる。

①の三段峡は、昭和28年文化財保護法により特別名勝に指定され三段滝等渓谷の景勝地として知られ西中国山地国定公園に所在する。この上流に発電所のダムが建設されると景勝美観のもととなる流水の枯渇・減水を来すとして、地元住民らXが文化財保護委員会Yを相手に、Yが訴外会社に対してした現状変更許可処分の取消しを求めて提訴した。判決はXのいう「特別名勝を観賞する権利」は反射的利益に過ぎないとして却下した。

②日光太郎杉事件では1・2審とも、X（東照宮）の請求を認容し、Yらがなした土地収用法による事業認定、収用裁決等は違法として取消した。その高裁判決が「本件土地付近が国立公園区域内の特別保護地区に指定されている趣旨から考えても、その風致・景観は、国民にとって貴重な文化的財産として、自然の推移による場合以外は、現状のままの状態が維持・保存されるべきであるとの見地の下に、最も厳正に現状の保護・保全が図られるべきことは当然である。」と判示したことは環境保護訴訟の先例を開くものであった

⑤事件で、Xは環境庁長官Yがなした国定公園一部解除決定の無効確認を求めたが、本判決はX主張の自然的景観を観賞享受する権利・環境権は「国定公園の指定に伴う反射的利益に過ぎず、法的に保護される利益とはなしえない。」と述べて訴えを却下した。

⑩事件のXは、広島県知事等Yがなした瀬戸内海国立公園特別地域内の工作物新築不許可処分等を争い提訴に及んだ。本判決は宮島の全島が名勝及び特別史跡「厳島」にも指定されている等を説示し、Xの請求を棄却した。

（2） 私権の制約と自然景観の事例

　これには⑨、⑮、⑯及び⑰の４件を挙げておく。いずれも国立公園及び国定公園の自然景観に係る事例であり、自然公園法の旧規定の第17条及び第35条の「不許可補償」に関するものである。

　⑨の瀬戸内海国立公園寒霞渓は香川県小豆島にある名勝である。Ｘはこの地に山林を所有しその土地から転石を採取すべく許可申請をしたが環境庁長官の不許可処分がなされた。そこでＸは国Ｙに対して損失補償を求めて提訴した。本件でＹは「本件山林がその大部分を占める忠六谷は、寒霞渓を構成する三渓のうち西渓に当たる部分であって、寒霞渓の景観構成の上で極めて重要な構成要因の一つであると見られている。」「この忠六谷の景観美の核心をなすのは、その豊富かつ健康な植物相と屹立する岩石なのである。」と主張した。本判決はＸの請求は申請権の濫用であるとしてこれを棄却した。

　⑮の本件Ｘ所有の山林は三重、奈良両県にまたがる室生赤目青山国定公園内にある。Ｘは三重県知事に対し土石採取の許可を求めたが不許可となり、さらに環境庁長官等に審査請求したが棄却され、また同長官に対し損失補償請求をしたところ補償すべき金額は零円と決定されたので国Ｙに対して損失補償を求めた。Ｙは「本件山林は、三峰山山頂から北北東への視野のかなりの部分を占めるため、本公園に属する山々や山々によって形成される緑の景観美あるいは紅葉期の多彩な色に覆われた景観美に広範囲にわたって人為の爪痕がさらされる。」と主張した。本判決も「土地所有者としての権利の濫用行為」「申請権の濫用」を理由に請求を棄却した。

　⑯の本件Ｘは鳥海国定公園特別地域内の土地に生育する立木の所有者であった。Ｘは立木の伐採許可申請が不許可となり、また環境庁長官の決定でも補償すべき金額零円とされたので、国Ｙに対して損失補償請求に及んだ。本件１・２審判決とも請求棄却である。本件１審判決はＸ予定の皆伐が行われると「自然景観が著しく阻害され、国定公園指定の目的を失わしめる状態が実現されることは明らかである。」と認定している。

　⑰の本件Ｘの所有地は富士箱根伊豆国立公園の特別地域（通称「阿弥陀山一帯」）にあった。Ｘは、その地に２階建て居宅の建築をしようと計画し静岡県

知事に対し許可申請したところ不許可となり、また、その後の経緯を経て環境庁長官よって補償すべき金額零円と決定されたので、国Yに対して損失補償請求に及んだ。本判決は、本件「地域は、本公園の伊豆地区内におけるすぐれた風景地であり、その風致・景観を維持し保存する必要性は極めて高い」と述べ、「本件建物の建築の制限は、国立公園内におけるすぐれた風致・景観を保護するために必要かつ合理的な範囲内の制限として、社会生活上一般に受忍すべき財産権の内在的制約の範囲内にあり、これによって生ずる損失は、補償することを要しない」と判示した。

以上4件はいずれも優れた自然の風景・景観が公共財産であるとの見地から、国民の側の私権の行使に制約を課し、結果として環境が守られた事例である。不許可処分の損失補償を否定することの当否は別にして妥当なものといえよう。

2 歴史的景観に関する事例

標記事例には⑪、⑫、⑲、⑳、㉑及び㉒が挙げられる。

⑪事件は、高層店舗併用住宅の建築により日照阻害等の被害（これには「豊臣秀吉以来の伝統的な美しい街並みや良好の地域社会関係が破壊されてしまう」という主張も含まれる。）を受けるとして、近隣居住者らXが共同事業者等Yに対して求めた工事禁止の仮処分申請事件及びYがXらに対して工事の妨害禁止を求めた仮処分申請事件を含む。本件では前者については却下、後者については認容の決定が出された。

⑫事件は、Yが土地収用法に基づき天台寺門宗の総本山宗教法人園城寺（三井寺）Xの寺域に属する土地をバイパスの一部区間に供する（地下トンネル工事を含む。）事業の認定を行ったところ、トンネル工事の開始後閼伽井の霊水等の水源の枯渇、史跡名勝の庭園池まで減水するようになったとして、XがYらの事業認定等の取消しを求めた事案である。Xは本件寺域は「かけがえのない貴重な宗教的文化的価値を担った文化財」とも主張し、他方、Yはその寺域及び収用地付近は琵琶湖国定公園の区域及び風致地区に指定されていることは認めるが、「本件事業計画の実施によってX寺域の風致、景観が損なわれるとは考

えられない。」と主張した。本件判決は請求棄却である。

⑲及び⑳の京都ホテル事件のうち、前者は法人格なき社団としての京都仏教会XがY（京都ホテル及び清水建設）に対してした建築工事禁止の仮処分申請事件であり、後者は同XがY（京都市長及び同建築主事）に対し行政処分の取消しを求めた行政事件である。

⑲では、被保全権利として「宗教的・歴史的文化環境権（景観権）」が主張されたが、「景観権」が裁判で援用されたのはこれが初めてではないかと思われる。ただ、本件決定は景観権につき「その内容、要件等が不明確であって、これを私法上の権利として認めることはできないものといわざるをえない（債権者が具体的にいかなる利害関係を有し、いかなる個別的な利益を侵害されるかにつき疎明もない。）。」と述べて申立てを却下した。

⑳の判決はXの原告適格を否定し訴え却下である。同判決は、建築基準法の保護法益たる「公共の利益とは、具体的な、近隣居住者等の日照、通風、採光、住居の静ひつ、防災及び衛生といった生活利益を離れては考えられない。」と説示するが、X主張の文化財享有権及び歴史的文化環境権は反射的利益ないし事実上の利益に過ぎず、それは近隣居住者等の日照等々の生活利益とは「異質のものである。」と述べている。しかし、本判決は何故「異質なもの」といえるのかその理由を明確に示していない。

㉑の和歌の浦住民訴訟事件においては、Xは、「本件工事施工区域は、自然景観である名草山とそれに連なる山々、和歌の浦の水面、干潟、妹背山、鏡山、奠供山等と人工的たる不老橋・三断橋等が渾然一体となって、絵画的鑑賞美を作り出している。」と述べた上、不老橋の海岸側に長大な新橋（「あしべ橋」）が建設されたことにより、不老橋が景観から遮断され和歌の浦の歴史的景観的価値が回復困難なまでに破壊されたとして「歴史的景観権」を主張した。

しかし、本判決は、「文化的環境の一環として歴史的景観が存在しうることは肯定されてよい」と述べながらも、歴史的景観権の「内容は権利として保護に値する程度に成熟したものになっているとは言いがたい。」「景観に対する評価は、個々人の主観的判断が入ることが避けられ」ないと判示し請求を棄却した。

㉒事件は、地元住民X（341名）がY（ゴルフ場事業者等）に対してゴルフ場建設工事の差止めを求めたものである。Xは「本件ゴルフ場が建設されれば、国立公園であり、名勝に指定された吉野山の真横の広大な緑が伐採され、そこに極めて現実的かつ人工的なゴルフ場という環境要素が加わることになり、それは、吉野の景観・環境の特性である広がりを持った豊かな自然と歴史的環境権を著しく破壊することは明白である。」と主張した。

本判決は、本件工事の続行により溢水による人格権侵害及び水利権侵害のおそれがあると認定し差止請求を認容したが、歴史的環境権の権利性は否定した。

3　都市の風致・美観・景観に関する事例

標記の事例群は、時間軸により（1）初期の都市景観等の事例、（2）新世紀（21世紀）の都市景観事例に区分する。

（1）　初期の都市景観等の事例

これには、③、④、⑥、⑦、⑧、⑬及び⑭の7件を挙げる。

③国立歩道橋事件では、国立市住民XらがXXXに対して平面歩行権及び環境権を理由に執行停止の申立てをしたのに対して、本決定は大学通りの風致・美観が客観的に害されるものとは認められないとして却下した。続いて、同本案の取消訴訟1審判決はXの原告適格を認めず住民の敗訴となった。本件控訴審判決も「本件歩道橋の設置により大学通りの風致美観が毀損され、付近住民にとって生活の憩いの場が失われるという点については、控訴人らの主観的、情緒的な感情か或いは道路利用上の反射的利益に過ぎない」と述べ控訴を棄却した。

④事件は、申立人Xらが東京都知事Yがした都市計画法上の風致地区内に申立外会社が計画した8階建て共同住宅の建築許可処分の効力（執行）停止を申立てた事案である。本決定は「風致を享受する利益」は「一般公益」と区別されるところがないと述べ却下した。

上記事例はいずれも初期の司法判断のレベルを示すものといえよう。なお、「風致地区」及び「美観地区」ともに都市計画法（第8条）のなかで定められる地域地区の1つであり、「美観地区が主として建築物などの人工景観を対象と

するのに対し、風致地区は自然景観の維持が主体である。」[17]とされる。

⑥日比谷公園環境権事件は、同公園付近住民XがYが計画した超高層ビルの建築禁止の仮処分を申請した事例である。1審の決定はX主張の公園利用権ないし環境権等は反射的利益に過ぎないと却下し、抗告審の決定も抗告棄却である。ただ、後者の判旨では、反射的利益という言葉は使用されておらず、また、傍論とはいえ「なお、公の施設の一般使用者といえども、その使用が日常生活上諸般の権利を行使するについて不可欠のものである等特別の利害関係の存する場合には、自己の使用に対する妨害の排除を求めることができると解される」と説示されていることが留意されてよい。

⑦は、都の住民Xが、日比谷公園の南方面に隣接して予定される3棟の超高層ビルの建築により同公園の風致景観が破壊されるとして、都知事Yがした総合設計制度による建築許可処分及び特定街区に係る都市計画決定の取消し等を求めた住民訴訟であるが、訴え却下である。⑧は、横浜山下公園付近の住民XがY（横浜市長及び同建築主事）を相手に訴外会社等に対してなした建築確認等の取消しを請求した事案である。本判決は、Xのいう眺望・景観等の利益は反射的利益ないし事実上の利益であると述べ、訴えを却下した。

⑬及び⑭は、いずれも住民Xが当該市長Yがなした風致地区内における建築物の新築工事の許可処分の取消しないし無効確認を求めた事例である。⑬判決は、Xのいう景観に係る利益は反射的利益ないし事実上の利益に過ぎないと述べ原告適格を否定し、⑭判決も、同様に景観の享受利益は「一般的公益の保護を通じ附随的、反射的に保護される利益にとどまる」と述べ訴えを却下した。

（2）　新世紀（21世紀）の都市景観事例

標題の事例には㉓〜㉘を挙げておく。

㉓鎌倉マンション事件では、当初XはY会社に対して4階以上の建築工事禁止の本訴を提起し、後に損害賠償請求に訴えを変更した。本件でXは景観権・景観利益及び眺望権・眺望利益の侵害を主張した。1・2審判決ともXの敗訴である。控訴審判決は、景観権につき「対象となる景観の内容、権利の成立要件、権利主体の範囲等いずれも不明確であるから、景観権を法律上の権利として認めることはできない」とする一方、「控訴人主張の眺望は、古都鎌倉にお

ける歴史的風土及びその周囲の風致として法的に認められた地区を観望できるという点で、客観的に独自の価値をもつものといえ、法的保護に値する生活上の利益に当たるということができる」とも述べている。しかし、Yに「害意は認められない。」と認定し控訴を棄却した。

㉔は、国立市の「大学通り」周辺等の住民X（305名）がY₁（東京都）及びY₂（国立市）に対して景観権が侵害されたとして国家賠償法による損害賠償を求めた事例である。本件は後述する「国立景観訴訟」とは別件であり判決は請求棄却であった。㉖事件では、Yら（エキスパンションジョイントで接合されたA～Gの7棟及び共用棟から成るマンションの建築主等）に対して住民Xが環境権及び景観権等の侵害を理由に高さ15mを超える部分の建築禁止（ないし撤去等）を求めたものである。判決は請求棄却である。

㉗都立大学校舎跡地マンション事件では、住民XがY（11社の共同企業体）を相手に、景観権・景観利益等の侵害を理由に高さ20mを超える部分の建築禁止（ないし撤去）の差止めと損害賠償を求めたものである。本判決は、建物解体工事中の騒音被害につき慰謝料等の損害賠償を一部認容したが、景観利益などはいまだ確立したものとはいえないとしてその余の請求は棄却した。

㉕及び㉘は実質は同じ高架式道路建設による都市環境の改変・悪化及び「四観音道」周辺の景観の破壊が争われた一連の事案である。㉕は、住民Xが施工者Y（名古屋市）に対し工事禁止の仮処分の申立てをした事例であるが、これは却下された。㉘は、上記事件の本案の差止請求事件であり、1審判決は本件訴えは民事訴訟として不適法と門前払いの判決を下したのであるが、この控訴審判決は原判決の破棄差戻しという判断を示した。

4 その他の事例

⑱清里リゾートマンション事件では、XはJR小海線清里駅付近に地上7階のリゾートマンションの建築計画を立て、Y（山梨県建築主事）に対し確認申請をしたところ、Yが山梨県景観条例に定める関係機関との協議、同意を得られないとして建築確認を保留したことに対して、処分保留は違法として争ったものである。本判決はY勝訴の判決を下した。しかし、経済環境の変化で、実際

にはそのマンションは建設されなかったようであり、結果的には景観が守られた珍しい事例である。

Ⅳ　小　　括

　ここで以上の考察についてまとめを行っておきたい。
　まず気付くことは、眺望阻害例においては全体のほぼ半数に及ぶ裁判例で請求認容の司法判断が示されているということである。しかも殆どすべての事例が民事事件として私法（民法等）的救済手続きに訴えたものである。
　認容例のうち8件で差止請求が認められ、2件で契約解除手付金等返還請求が認められ、また11件で損害賠償請求（一部は眺望阻害に対するものではない。）が認容されている。
　差止認容のうち根拠とされた参照条文に着目すると、別表1（以下「別表1」省略。）の①民法1条3項（権利の濫用）及び旧民事訴訟法（以下「民訴法」と略す。）755条（係争物に関する仮処分）、⑦民法414条3項（履行の強制）及び同法537条（第三者のためにする契約）、⑨、⑪及び⑯民法709条（不法行為）及び旧民訴法760条（仮の地位を定める仮処分）、㉕建築基準法69条（建築協定）、㉘及び㊷民事保全法23条2項（仮の地位を定める仮処分）である。
　マンション購入解約認容の㉚では民法570条（瑕疵担保責任）等、㊲では民法541条（履行遅滞等による解除権）である。
　損害賠償の認容例の⑧、⑬、⑮、㉑、㉒、㉔、㉙、㉛（1審判決）及び㊴は、すべて民法709条の規定（ほかに一部民法710条、同法719条等）が根拠とされ、㉜のみが民法415条（債務不履行）及び宅地建物取引業法35条（重要事項の説明等）を根拠としている。㉟は判例集未登載のため詳細は不明である。
　ところで、日照権については、非常に多くの裁判事例が存在し、その積み重ねの上に「日照権」という権利は名実ともに確立し、裁判例でもその名称が用いられるようになっているが、眺望利益については、「眺望権」が認められているとはいえないが、眺望利益が日照、通風などと並ぶ独自の生活利益として法的保護に値するとする司法判断が累積されてきていることが明らかである。

その利益の性質は人格的利益または財産的利益の両様の側面を有するとの解釈が採られていることもうかがえる。ただし、日照妨害事例などとの比較ではしばしば眺望の阻害はさほど切実な被害とはいえないとする判断があることが目に留まる。

次に、景観訴訟事例についての感想のようなものを述べる。ここでは景観利益の権利性が未だ認められていないいわば「過渡期の事例」を考察の対象としてきたので、差し当たっての「中間の小括」ということになる。

後掲の別表2(以下「別表2」省略。)を一瞥して明らかなように、環境保護訴訟としての環境権訴訟あるいは景観訴訟等で国民の側が提起したもののうち唯一の勝訴例は②日光太郎杉事件くらいしかない。他の行政事件はすべて敗訴例である。

ただし、関係行政機関（環境庁などの国あるいは県の機関）が関与して、結果として良好な自然景観等が保護されることになった⑨、⑮、⑯及び⑰の一連の損失補償請求棄却事例あるいは⑩宮島の事例及び⑱清里の事例が挙げられるけれども、これをどう考えるべきかという問題がないではない。自然公園法などの法令の厳格な適用がなされ景観破壊が未然に防止されたものとして率直に評価しておきたい。

別表2に掲出した合計28件のうち、⑥、⑪、⑲、㉒～㉘の10件は民事争訟事例である。前述したように、㉒及び㉗で請求が一部容認されたが、それも景観侵害が理由でそうなったのではない。㉘事件の原判決破棄差戻しの名古屋高裁判決が目に留まるものの、その後の同事件の民事差止請求事件及び行政処分取消請求事件（本書第6章で言及する。）とも住民敗訴である。

前記の眺望事例と比べると景観訴訟では行政事件訴訟法（以下「行訴法」と略す。）の手続きによる救済に訴えたものが多い。これは景観が公共財産であることが強く意識されているからであろう。裁判例によっては、景観は眺望利益とは異質のものであると言及するものが見られる。これはおそらく、景観の公共性を意識し、それが私的権利利益としての眺望と区別され異質のものであるとする見方によっているからであろう。

しかし、考えてみると眺望の価値はおよそ良好な景観の存在に依存するもの

であり、比喩的にいえば景観が元物であり眺望はその果実であるともいえるのであるから、元となるものに保護の手をさしのべないで果実の方をだけ保護するというのでは「本末転倒」ではないかとさえ思えるし「衡平」でもない。景観は公共財であるから、専ら民主的手続きを経てつくられる立法・公法による規制によって保護されれば足りるということなのであろうか。

　良好な環境あるいは景観が公共性を有することは明らかであり、何びともこれに異論を差し挟む余地はない。しかし、公法関係から由来する利益あるいは価値に対してはおよそ国民、市民及び住民等に私的権利利益を認めることはできないという道理はないと思う。したがって、それらの利益は「反射的利益」であり、「事実上の利益」であり、はたまた「抽象的な公共利益」に過ぎないといった司法の判断は早晩克服される必要があると考える。

　また、上掲の「新世紀（21世紀）の都市景観事例」では、「景観利益」「景観権」が正面から主張され、民事差止等請求事例が少しずつ増えているので、この方面での法理論の形成が待たれる。

　かつて日照権が確立される過程の初期の裁判例で、当初は害意のある相当悪質な権利行使で違法性の強い事例についてのみ「権利の濫用」を引き合いに出し、法的保護の可能性を限定しようとする例が見られた。やがて、「害意」という主観的な要素を重く見ることから脱却して、客観的に見て違法であり、不法行為が成立する場合にも保護範囲を拡げる判例が増えてきたのであるが、その道筋が景観権にとっても示唆的とはいえないであろうか。そのためにも、まず「景観利益」の法的保護要件の規準をより明確にし、さらにその法効果論を一層発展させることが法律学に課せられたテーマといえよう。

1）　後掲別表1・眺望阻害訴訟事例及び別表2・景観訴訟事例（この別表2では、整理番号㉘名古屋道路工事事件より後の事例は本書で取り上げる事件と重複するため繰り返しの掲出を避け省略した。）参照。各訴訟事例につき裁判所の判決・決定が出された年月日順に整理番号を付した。事件数は、実質は同一事件であっても訴訟手続きの違いによって別件に数えた。
2）　中島晃『景観保護の法的戦略』（かもがわ出版、2007年）67頁。
3）　「消極的生活妨害」とは、近隣地からの有害のガス、粉塵、悪臭、騒音、振動などの侵入がある「積極的生活妨害」（「積極的侵害」ないし「公害」ともいわれる。）と対比

して用いられる。日照妨害、眺望阻害などでは、このような「侵入」による「積極的」な干渉はないので、「消極的侵害」とも呼ばれるけれども、日照や眺望が奪われると生活上の不便、不利益、不快感、閉塞感、健康不安等の被害が生じるので、やはり「生活妨害」の類型に含められるのである。

4) 日置雅晴「景観紛争の経験からみた景観法」ジュリスト1314号（2006年）56頁、中島弁護士は「建築基準法の改正により、日影規制が設けられたことが、その後の日照権裁判の展開を困難にすることになったといっても過言ではない。」（中島・前注2) 22頁）と述べている。

5) 後掲別表1-⑫熱海フジタマンション事件の東京高裁決定及び1-⑬横須賀野比海岸事件の横浜地裁横須賀支部判決がこれである。

6) 以下の眺望・景観訴訟事例ともに、原告、申請人等をXと称し、被告、被申請人等をYと称する。

7) 清瀬信次郎「眺望権論」亜細亜法学19巻1・2号合併号（1985年）211頁以下。

8) 白浜事件の判決は、本件は「純粋に財産上の利害にかかわる紛争」「営業上の利益の侵害」と明示している。

9) 下森定「マンションの売主はその分譲に際し、買主に隣地の利用計画について調査告知する義務を信義則上負担しているか」判タ311号（1974年）86頁以下。

10) 本田純一「不動産取引と環境瑕疵—契約責任という視点から」ジュリスト972号（1991年）129頁。この「第2類型」はさらに「契約締結時から自己の所有地であった場合」と「契約締結後、売主が隣地を取得した場合」に区分されている。なお、長谷川義仁「マンション購入者の日照・眺望等の利益と売主の責任」広島法学30巻2号（2006年）53頁も参照。

11) 伊藤茂昭／棚村友博／中山泉「眺望を巡る法的紛争に係る裁判上の争点の検討」判タ1186号（2005年）4頁。

12) 鎌野邦樹「眺望・景観利益の保護と調整」NBL853号（2007年）10頁。

13) 朝日新聞2000年10月30日。

14) 本判決の掲載誌では本件の参照条文として民法570条の瑕疵担保責任等の規定が挙げられている。

15) 「景観訴訟」とは今世紀になってよくいわれるようになった呼称といえる。したがって、ここで取り上げる訴訟例は以前ならば「環境権訴訟」「環境保護訴訟」あるいは「自然保護訴訟」などとも呼称された事例も多く、それらを含めるとより正確には「景観等訴訟」というべきかもしれないけれども、やはり単に「景観訴訟」と呼ぶことにする。

16) その当否については、原田尚彦「判批」『昭和63年度重要判例解説』（ジュリスト935号）（有斐閣、1989年）47頁、磯部力「判批」『街づくり・国づくり判例百選』（別冊ジュリスト103号）（有斐閣、1989年）212頁参照。

17) 『日本大百科全書　第20巻〔第2版〕』（小学館、1994年）79頁〔山鹿誠次〕。なお、「美観地区」は2004年に制定公布された景観法上の「景観地区」にとって代わられることになった（国土交通省都市・地域整備局都市計画課監修・景観法制研究会編『逐条解説景観法』（ぎょうせい、2004年）126頁参照。）。

18) 本件では、反訴原告は消費者契約法4条による契約の取消しも主張したが、本判決は売主に「故意」は認められないとして退けた。

19) 沢井裕・潮海一雄「日照権確立への道程—最高裁昭和47年6月27日判決を契機として」

判タ279号（1972年）2頁参照。
20) 損失補償請求訴訟は、行訴法第4条が定める当事者訴訟とされている（南博方・高橋滋編『条解　行政事件訴訟法〔第3版補正版〕』（弘文堂、2009年）117頁以下〔山田洋〕参照。

別表1　眺望阻害訴訟事例

眺望阻害事件名	判決等の内容	判決等年月日・掲載判例集
①猿ヶ京温泉事件	1審・2審とも差止認容	前橋地判昭和36・9・14下民集12・2268、東京高判昭和38・9・11判タ154・60
②銀座朝日電光ニュース社事件	損害賠償請求棄却	東京地判昭和38・12・14判時363・18
③琵琶湖晴嵐荘事件	仮処分申請却下	大津地判昭和40・9・22行集16・9・1557
④白浜温泉事件	仮処分申請却下	和歌山地裁田辺支判昭和43・7・20判時559・72
⑤新宿ビクターレコード事件	差止請求等棄却	東京地判昭和44・6・17判タ239・245
⑥鳥羽湾近鉄事件	仮処分申請却下、控訴棄却	津地判昭和44・9・18判時601・81、名古屋高判昭和45・1・22判時601・85
⑦武庫山住宅事件	仮処分申請認容	神戸地裁伊丹支判昭和45・2・5判時592・41
⑧京都平安閣事件	損害賠償請求認容	京都地判昭和45・4・27判時602・81
⑨京都岡崎有楽荘事件	仮処分申請認容	京都地決昭和48・9・19判時720・81
⑩田園調布マンション事件	損害賠償請求棄却	東京地判昭和49・1・25判時746・52
⑪青葉山マンション事件	仮処分申請一部認容	仙台地決昭和49・3・28判時778・90
⑫熱海フジタマンション事件	仮処分申請却下、抗告棄却	東京地決昭和51・3・2判時834・81、東京高決昭和51・11・11判時840・60
⑬横須賀野比海岸事件	損害賠償請求認容	横浜地裁横須賀支判昭和54・2・26判時917・23
⑭港区英国航空会社事件	損害賠償請求棄却	東京地判昭和57・4・28判時1059・104
⑮名古屋マンション事件	損害賠償請求一部認容	名古屋地判昭和58・8・29判時1101・91

⑯松島海岸事件	仮処分申請認容、仮処分異議申立認容、控訴棄却	仙台地決昭和59・5・29判タ527・158、仙台地判平成元・2・1判タ858・266、仙台高判平成5・11・22判タ858・259
⑰知多半島別荘事件	仮処分申請却下、控訴棄却	名古屋地裁半田支決昭和61・1・13判時1202・59、名古屋高決昭和61・4・1判時1202・58
⑱札幌丸紅不動産マンション事件	損害賠償請求棄却	札幌地判昭和63・6・28判時1294・110
⑲御宿リゾートマンション事件	売買代金等返還請求棄却	東京地判平成2・6・26判タ743・190
⑳伊豆高原マンション事件	仮処分申請却下	東京地決平成2・9・11判タ753・171
㉑木曽駒高原事件	損害賠償請求認容	大阪地判平成4・12・21判時1453・146
㉒京都右京区マンション事件	損害賠償請求一部認容	京都地判平成5・3・16判タ827・250
㉓湯田中温泉リゾートマンション事件	売買代金等返還請求棄却	東京地判平成5・11・29判時1498・98
㉔芦屋マンション事件	損害賠償請求認容	大阪地判平成5・12・9判時1507・151
㉕姫路建築協定違反撤去請求事件	差止請求（撤去請求）認容	神戸地裁姫路支判平成6・1・31判時1523・134
㉖岐阜各務原配水池事件	仮処分申請却下	岐阜地決平成7・2・21判時1546・81
㉗長野学者村事件	損害賠償請求棄却	長野地裁上田支判平成7・7・6判時1569・98
㉘多賀城マンション事件	仮処分申請一部認容	仙台地決平成7・8・24判時1564・105
㉙草津リゾートマンション事件	損害賠償請求認容	横浜地判平成8・2・16判時1608・135
㉚二条城マンション事件	損害賠償請求棄却、契約解除手付金等返還請求認容	京都地判平成10・3・24判タ1051・290、大阪高判平成11・9・17判タ1051・286
㉛大阪忍ヶ丘マンション事件	1審損害賠償請求認容、2審損害賠償請求棄却	大阪地判平成10・4・16判時1718・76、大阪高判平成10・11・6判時1723・57
㉜港区マンション事件	損害賠償請求認容	東京地判平成11・2・25判時1676・71
㉝大阪池田市事件	建物撤去請求等棄却	大阪地判平成11・4・266判タ1049・278

㉞大阪市都島マンション事件	損害賠償請求棄却	大阪地判平成11・12・13判時1719・101
㉟札幌住友不動産マンション事件	損害賠償請求認容	札幌地判平成16・3・31判例集未登載
㊱港区広告看板設置請求事件	看板設置請求棄却	東京地判平成17・12・21判タ1229・281
㊲福岡マンション反訴事件	契約解除・手付金返還等反訴請求認容	福岡地判平成18・2・2判タ1224・255
㊳琵琶湖保養所事件	権限行使義務付け請求却下	大津地判平成18・6・12判例自治284・33
㊴隅田川花火観望事件	損害賠償請求認容	東京地判平成18・12・8判時1963・83
㊵熱海マンション事件	損害賠償請求棄却	東京地判平成20・1・31判タ1276・241
㊶大阪タワーマンション事件	損害賠償請求棄却	大阪地判平成20・6・25判タ1287・192
㊷真鶴町別荘眺望阻害事件	建築禁止仮処分申請認容	横浜地裁小田原支決平成21・4・6判時2044・111
㊸大阪此花区マンション事件	損害賠償請求棄却	大阪地判平成24・3・27判時2159・88

※以上、2012年12月現在。判例等の引用ついては、別表1・別表2における掲載及び本書での注等における掲載・引用ともに次の略語を用いた。

下民集：下級裁判所民事裁判例集、判時：判例時報、判タ：判例タイムズ、判例自治：判例地方自治、行集：行政事件裁判例集、訟月：訟務月報、民集：最高裁判所民事判例集、集民：最高裁判所裁判集民事、裁時：裁判所時報、裁判所ウェブサイト：最高裁判所ホームページ裁判例情報）。以上の他、件数は少ないが判例集未登載の事例も掲載した。

別表2　景観訴訟事例

景観訴訟事件名	判決等の内容	判決等年月日・掲載判例集
①特別名勝三段峡事件	行政処分取消請求却下	東京地判昭和30・10・14行集6・10・2370
②日光太郎杉事件	事業認定・収用裁決等取消認容、控訴棄却	宇都宮地判昭和44・4・9判時556・23、東京高判昭和48・7・13判時710・23
③国立歩道橋事件	執行停止申立却下、行政処分取消請求却下、控訴棄却	東京地決昭和45・10・14判時607・16、東京地判昭和48・5・31判時704・31、東京高判昭和49・4・30判時743・31
④石神井風致地区事件	執行停止申立却下	東京地決昭和46・6・16行集22・6・843

⑤越前加賀国定公園事件	行政処分無効確認請求却下	福井地判昭和49・12・20訟月21・3・641
⑥日比谷公園環境権事件	仮処分申請却下、抗告棄却	東京地決昭和53・5・31判時888・71、東京高決昭和53・9・18判時907・61
⑦日比谷公園住民訴訟事件	東京都総合設計制度許可処分取消等請求却下	東京地判昭和53・10・26行集29・10・1884
⑧山下公園建築確認等取消請求事件	建築確認取消請求却下	横浜地判昭和55・11・26行集31・11・2520
⑨寒霞渓山林転石採取不許可損失補償請求事件	損失補償請求棄却	東京地判昭和57・5・31判時1047・73、行集33・5・1138
⑩宮島建築等不許可処分取消請求事件	建築等不許可処分取消請求棄却	広島地判昭和57・12・16行集33・12・2452
⑪伏見桃山コープ仮処分事件	建築工事禁止仮処分申請却下、工事妨害禁止仮処分申請認容	京都地決昭和58・10・11判時1100・126
⑫三井寺バイパス事件	事業認定・収用裁決取消請求棄却	大津地判昭和58・11・28判時1119・50
⑬山手風致地区共同住宅事件	許可処分取消請求却下	横浜地判昭和59・1・30判時1114・41
⑭京都風致地区事件	許可処分無効確認・取消請求却下	京都地判昭和61・1・23判時1191・78
⑮国定公園山林砕石不許可損失補償請求事件	損失補償請求棄却、控訴棄却	東京地判昭和61・3・17判時1191・68、東京高判昭和63・4・20判時1279・12
⑯国定公園山林伐採不許可損失補償事件	損失補償請求棄却、控訴棄却	秋田地判昭和62・5・11訟月34・1・41、仙台高裁秋田支判平成元・7・26訟月36・1・167
⑰伊豆阿弥陀山工作物建築不許可損失補償事件	損失補償請求棄却	東京地判平成2・9・18判時1372・75
⑱清里リゾートマンション事件	建築確認処分不作為の違法認容	甲府地判平成4・2・24判時1457・85
⑲京都ホテル仮処分申請事件	仮処分申請却下	京都地決平成4・8・6判時1432・125
⑳京都ホテル行政訴訟事件	行政処分取消請求却下	京都地判平成6・1・31判例自治126・83

㉑和歌の浦景観住民訴訟事件	公金支出差止・損害賠償請求棄却	和歌山地判平成6・11・30判例自治145・36
㉒吉野山ゴルフ場事件	工事差止請求一部認容	奈良地裁葛城支判平成11・3・24判タ1035・190
㉓鎌倉マンション事件	工事差止・訴え変更損害賠償請求棄却、控訴棄却	横浜地判平成13・2・2判時1758・50、東京高判平成13・6・7判時1758・46
㉔国立景観国家賠償請求事件	損害賠償請求棄却、控訴棄却	東京地裁八王子支判平成13・12・10判時1791・86、東京高判平成15・2・27判例集未登載
㉕名古屋高架式計画道路建設工事差止仮処分申立事件	仮処分申立却下	名古屋地決平成16・10・18判例自治268・98
㉖府中マンション差止等請求事件	差止請求等棄却	東京地判平成17・11・21判時1915・34
㉗都立大学跡地マンション建築差止等請求事件	差止請求棄却・損害賠償請求一部認容	東京地判平成17・11・28判時1926・73
㉘名古屋道路工事差止請求民事事件	差止請求却下・原判決破棄差戻し	名古屋地判平成18・10・13判例自治289・85、名古屋高判平成19・6・5裁判所ウェブサイト

※上掲に続くその後の事件は、本書の特に第3章以下の本文及び注で引用した事例を参照されたい。それらを加えると景観等訴訟事件は本稿執筆時点で50件を超えるかと思う。

第2章　景観の法的保護

I　環境権と景観享受権

1　人権としての環境権の承認

　本来、すべての人は環境を享有する権利主体であり、良き環境を享受する権利を有するとの命題は、今日では憲法上の基本的人権としての「環境権」として結実している。憲法学界でも、環境権は日本国憲法第13条の幸福追求権及び第25条の生存権の各規定の解釈を通じて認められるという多数説が形成された（環境権の競合保障説）。
　問題は、環境権なる権利が私法上の権利としてあるいは公法上の権利として、裁判上救済可能な具体的な権利たり得るかということにある。この点は民法学あるいは行政法学などに課された重い問題であるけれども、未だ十分に解明されているとはいえないのが現状である。そこで、以下では環境権が提唱されて以来、包括的な環境権の客体に含められてきた景観（自然景観だけでなく、都市景観などの歴史的・文化的景観も含む。）を手がかりとして、景観利益が法的保護に値するものであること、景観享受利益の私法上の権利化は可能であることを論じてみたい。

2　環境権の個別・具体化の課題

　新しい人権としての環境権がほぼ異論なく承認されるとしても、多くの環境権訴訟判決がこれを否定する理由として挙げてきたこと、すなわち、環境権の権利対象となる環境の範囲、環境を構成する具体の内容及びその地域的な範囲は漠然としており、また差止めを求め得る侵害の程度が明確でなく、権利者の

範囲も限定し難く実定法上の根拠も不明、などといった理由づけはそれなりに問題点をついた指摘であったといわざるを得ない。そこで、民法学界では、保護に値する個別・具体的な環境利益に即した環境権論（つまり私法上の環境権論）が必要との認識が生まれた。香川大学の中山充教授の「環境の共同利用権」論[2]はその1つの試みと評価できる。私はこれを踏まえてさらに詰めた論理が要請されていると考える。

　一方では、民法学者の間では「今日における学説の多数は、『環境権』論が提起した問題を——受忍限度の衡量事由に取り込んで重視するとか、基本権レベルでの権利相互間の衡量に反映させる等を試みることで——受け止めつつも、これを具体的に被害を受けた個人の『人格権』に還元して捉え、かつ保護を図れば足りるというように考えている[3]。」との指摘もあって、私法上の権利としての環境権の構築とその具体化の研究は決して活発とはいえない状況にある。

3　景観享受権（景観権）とは何か

　市民や地域住民にとって景観享受利益とはどのような意味を有するのかという問題を考えるに先立って、それと眺望阻害の問題などとの関連に言及しておく。

　学説の中には「私人の土地や居宅などからの眺望は、よほどのことがない限り保護に値する利益ではあり得ない。極めて例外的にのみ、これを阻害する者に害意若しくはこれに近い主観的容態がある場合に、慰籍料の支払いをもって、その法的保護がなされれば足りると考える[4]。」との意見があり、また、土地の境界を越えて作用を及ぼすことなく、隣地の価値を害するとみられる日照妨害、眺望阻害などの「消極的侵害」につき、「フランスやドイツにおいては、判例・通説は、消極的侵害の場合には、そもそも加害者に害意ないしそれに近い態様がなければ差止は命ぜられないと解している。従って、わが国の裁判例においても、又、比較法的にも、消極的侵害については、加害者の主観的態様が差止の認否を決する上で（とくに、主観的態様の悪くないことが差止を否定する上で）重要な役割を演じており、この点が積極的侵害と大きく異なる特色といえよう。」との意見があることは事実である[5]。これらの見解は日照利益、眺望

利益などについての権利構成は困難とみている。

しかし、欧米のうち少なくともイギリスの私的ニューサンス訴訟では「採光権（採光地役権）」侵害は典型的なニューサンスに当たり、私法的救済が積極的に認められてきた歴史があり、わが裁判例でも、日照利益及び眺望利益につき法的保護・救済を認める裁判例は相当多数に上ることも否定し難いのであって、学説の多数はかかる裁判実務の傾向を高く評価している。なお、景観侵害の事例は景観それ自体に対する積極的な侵害が認められるから、単純に「消極的侵害」とはいえない一面がある。

私は、以前に眺望阻害事例と景観破壊事例とを区別して、前者では「私的スポット」としての客室、居間等からの見晴らしの良さが阻害されるということであり、専ら私的利益としての眺望利益が保護目的とされているのに対して、後者では公共的利益ともいうべき景観そのものが損なわれ、観望地点としては、地域住民の生活圏域、公道、公園、海浜地、登山道、展望場所等の「公的スポット」から見た風景外観の有り様の問題が強く意識されているとの指摘を行った。そして、眺望利益は人格権の一種と捉えれば足りるが、景観利益についてはむしろ景観享受権という新しい権利構成を考えることが妥当とも述べた。

熱海フジタマンション事件の東京高裁決定は、「当該建物の所有者ないし占有者によるその建物からの眺望利益の享受が社会観念上からも独自の利益として承認せられるべき重要性を有するものと認められる場合には、法的見地からも保護されるべき利益であるということを妨げない。」との判旨を述べている。この判示部分は、個人的利益よりもっと強く保護されるべき公共財としての景観についてはなおさら妥当すると考えられる。すなわち、特定の観望地点からの景観享受の利益が「社会観念上からも独自の利益として承認せられるべき重要性を有すると認められる場合には、」法的保護に値するということを妨げない。

問題は、「社会観念上からも独自の利益として承認せられるべき重要性を有する」景観とは何か、その内容・範囲をいかに画定すべきか、その利益を享受し得る担い手は誰か、その権利構成が可能とした場合いかなる法的性質を有する権利か等々を検討しなければならない。

そもそも景観とは何かというと、「多様な価値観で捉えられた、人間を取り巻く環境の視覚的・心象的な認識（眺め）」との定義もあるが、景観それ自体は、天空、太陽の光、風、水、土、自然林などの有形・無形の自然素材及び人為的営みによってつくり出された有形・無形の人工素材の総体として客観的に存在しているものと捉えられる。

　客観的に見て価値ある景観というのは現存するのであって、それを享受の対象とすることは「人間性の否定することができない文化的要求」に根ざすものであり、市民にとっては、等しく「美の享受という理念的利益」をもたらすものと受け止められる。それは、現代人の生存にとって不可欠の利益とまではいえなくとも、「精神活動の円満さ」ないし「精神活動の積極的発展」を阻害する要因からの自由に含まれるものであって、精神的・文化的生活をより一層豊かにする。

　かかる景観利益ないし景観享受権は、憲法13条の幸福追求権ないし人権としての環境権に由来するものである。

　ところで、一般に環境利益は一種の公共財であって、個人的利益とは区別される「集団的利益」を有するといわれる。集団的利益という意味は、単に個々人に割り当てられた個別的利益の集積ということではなくて、それは将来世代も含めた多くの人々によって「共同で享受されるべき利益」という趣旨が含意されている。そして現に直接的に一般公衆の共同使用、共同利用、共同享受に供されている社会的共同施設の例としては、公道、公園など多数存在する。環境の共同利用、共同享受もこれに類するものである。

　不特定多数の一般公衆が、公道、公園、海浜などの公共用物、法定外公共用物などからどんなに生活上の利益を享受していても、それは「事実上の利益」「反射的利益」に過ぎず、「法律上保護された利益」とはいえないという法理論と実務が強固に存在しているかに見える。しかし、近時の最高裁判例では、行政訴訟においてではあるが、環境利益は、一定範囲の住民にとっては法律上保護される利益というのを妨げないとする趣旨の判決が徐々に積み重ねられてきている。

　一方で民法学者の間では、つとに環境は誰のものでもないが、しかし、すべ

ての者に共通の環境保全・利用上のルールがあり、環境改変によって生活環境に被害を受ける者がルール違反を排除し、ルールの回復をはかる請求権をもつ、との有力説があるほか、環境の共同享受によって享受し得べき生活上の利益（「生活利益秩序」）の不当な侵害は民事違法性を構成する、との有力な学説が出されている。

　裁判事例にあっても、村道の通行権侵害事例につき、「通行の自由権は公法関係から由来するものであるけれども、各自が日常生活上諸般の権利を行使するについて欠くことのできない要具であるから、これに対して民法上の保護を与うべきは当然の筋合である。」とした最高裁の判例があるほか、日比谷公園環境権訴訟仮処分抗告事件の東京高裁決定でも、「なお、公の施設の一般使用者といえども、その使用が日常生活上諸般の権利を行使するについて不可欠のものである等特別の利害関係の存する場合には、自己の使用に対する妨害の排除を求めることができると解される」との説示が出されている。前者の判例では、私人の通行の自由権は民法第710条に明示された「自由」に根拠づけられるとしているのが注目される。

　以上の学説及び判例を踏まえると次のようにいえるかと思われる。

　長年の市民の努力と営為によってつくり出されてきた街並み景観のような都市景観が現存するとして、それが他に代替することのできない優れた地域固有の特色を有しており、その景観に近接してこれを共同享受する市民ないし地域住民が多数存在し、しかもそれが、多数の人々の意識のもとで社会観念上独自の生活利益の一部として承認せられた重要性を有するものと観念されるような場合には、その景観は法的保護に値するものということができる。

　ところで、「外郭秩序の領域では、公共的利益（市民総体の利益）と私的・個別的利益とが、分離・対立したものではなく、オーバーラップし、二重性を帯びたものとして現れる。」との意見が注目される。公共財としての都市景観をこわす行為は、「共同で享受されるべき集団的利益」としての景観それ自体に対する直接的な侵害（「環境侵害」）であるにとどまらず、必然的に市民・地域住民集団を構成する各人の個別・具体的な景観享受利益に対する直接的かつ違法な侵害でもあるという二面性を有する。淡路剛久教授の説では、前者は「客

観的環境権侵害」、後者は「主観的環境権侵害」ということになろう[20]。

　そして、「景観侵害」と「景観享受利益の侵害」は分離し得ないものであるから[21]、市民・地域住民は、公序としての環境利用秩序あるいは生活利益秩序の重大な違反と自らの景観享受利益の違法な侵害を理由として、景観の醜悪化を惹起する行為を共同で差止めることができると解すべきである。この市民・地域住民の景観享受利益は、景観権ないし景観享受権とも称され得る私法上の権利として捉えられるものであって、その法的根拠は民法第710条の「自由」に求めることができる。

4　環境権の公法上の側面

　以上の立論は環境権の有する私法上の一側面である。この権利の性質をさらに明確にするために、環境権の有する公法上の一面につき言及しておく。一般公衆は「環境の質に対する公共の権利」を有するということがいわれる[22]。

　私は、わが国でのその典型的なものは、「環境アセスメント」における、一般公衆が有する環境保全の見地からの「意見申立権」ないし「異議申立権」であると考える。これは前述した私法上の権利としての環境享受権または景観享受権などとは性質を異にするものである。それは、団体あるいは市民の立場から不特定多数の誰もが有する権利であって、今やわが国でも法律及び条例による実定法上の根拠を有するに至った。ただし、この「公共の権利」に基づき、直ちに行政訴訟での原告適格などを根拠づけることは困難視されている（いわゆる住民訴訟では、その権利が実質的意義を有する場合があることは別問題である。）。なぜなら、その権利は、当該の環境利益につき生活利益に係る直接的な利害関係を有しているとはいえない者にも広く付与されるからである。

　もっとも、私法上の環境享受権を有する者が同時にアセスメントの意見申立権を有することとは矛盾しないし、環境行政訴訟としての取消訴訟は権利侵害訴訟でもあるから、私法上の環境享受権を有する者は、一般的・抽象的公益に吸収・解消され得ない個別・具体的な環境利益をも享受する主体とみなされ、訴えの利益や原告適格を有する者の範囲を拡げる機能を果たすことにも繋がる。

　環境権の公法上の側面ともいえる「環境に対する公共的権利」を根拠に民事

差止請求を根拠づけることは困難とする学説が有力である。それらの学説は一方では、立法論として、「公益を守るための特別の訴訟（代表訴訟）」とか「代表訴訟的な環境訴訟」[24]などの必要性を提唱している。環境権の担い手を「住民及び住民の利益を代表する基礎的自治体たる市町村」とする学説[25]もある。

ところで、市町村は、公共財としての特定の環境利益を市民から信託され、その機能管理を任されている基礎的団体であり、かつそれを保全する責務を課せられている。したがって、公共財としての環境が著しく損なわれるおそれがあるときには、市民・地域住民の有する環境享受権に基づく妨害予防・排除請求とは別に、市町村独自の立場で、環境管理権ないし環境保全義務の適正な執行の妨害を理由に、妨害予防・排除を求めることができると考えられる。

II 景観享受権の侵害と民事違法論

1 民事違法性の判断基準

妨害予防ないし妨害排除としての差止請求の成否を決する要件は違法性の有無である。所有権、人格権などの成熟した権利の侵害ないしそのおそれがあれば原則として違法であるが、環境享受権、景観享受権のような生成途上の未成熟な権利の場合であっても、法律上保護されるべき環境利益あるいは景観利益が侵害されるという場合には、一定の利益衡量のもとで違法な侵害ありとされ得る。

違法性の判断基準として通説・判例が「相関関係説」に従ってきたことは周知のことである。すなわち、加害行為の態様と被侵害利益の種類・性質等との比較衡量によって違法性を決するのである。

景観侵害の違法性を考えるに当たって、眺望阻害につき設定された先例の判断基準が多少なりとも参照に値する。前掲の熱海フジタマンション事件の東京高裁決定は、「一方において当該行為の性質、態様、行為の必要性と相当性、行為者の意図、目的、加害を回避しうる他の方法の有無等の要素を考慮し、他方において被害利益の価値ないし重要性、被害の程度、範囲、右侵害が被害者において当初から予測しうべきものであったかどうか等の事情を勘案し、両者

を比較考量してこれを決定すべく」と述べ、横須賀野比海岸事件の横浜地裁横須賀支部の判決[26]は、①美的満足感を得ることのできる眺望価値のある景観の存在、②当該場所の場所的価値、③周辺土地の利用状況の3点を重視している。

ところで、景観侵害の事例は、加害・被害の立場の交替可能性があり得る、比較的小規模の隣人間の生活妨害事例で起こる私的利害の調整という問題を超える公共圏に係る問題でもあるから、上記の判断要素を取捨選択し、どれに重みづけを与えるか検討する必要があるとともに、それに付加すべき項目を選定することも必要となる。

2　景観侵害と民事違法性

イギリス法の私的ニューサンスの成立要件では、土地建物などの財産の使用が「合理的」といえるか否かが重要な要素とされている。そして、この合理性・非合理性を判定する尺度としてよく、give and take または live and let live が引き合いに出される。これはいわば互譲あるいは共生のルールと呼べるものであり、このルールに従う限り多少の損害が惹起されたとしても違法なニューサンスは成立しないが、そのルール違反は不合理な財産の使用として違法性を帯びることになる。この互譲・共生のルールは、環境保全・利用秩序あるいは生活利益秩序のルールと読み替えてもよいし、前掲の中山教授の言葉を借りるならば、「他の多数の人々による同一の利用と共存できる内容をもって、かつ共存できる方法で、各個人が特定の環境を利用することができる権利[27]」すなわち「共存のルール」と同じである。

本件の国立市景観侵害事件では、「大学通り」に面する地権者相互の間で建築物の高さ制限に自主的に服するため、各人が土地所有権という財産権の自由の一部をいわば譲与して、その代償として「公共的空間利益[28]」ともいうべき美しい街路景観を共同してつくり上げてきたという歴史的事実がある。ここに「市民的公共性[29]」のモラルを見ることができる。

仮に、当該建築物が建築基準法等の公法上の基準には違反しないとされても、前記の実質的なルールに違反するということは起こり得るのであって、それは民事違法の内容に含められることとなる。しかも、一方で本件の場合の被

侵害利益は、個々人の景観利益（これは、人格的利益ないし生活利益ともいえる。）に対する侵害であるにとどまらず、それを超えた公共財としての景観それ自体に対する積極的な侵害を本質としているのであるから、被害法益は重大であり、大都市近郊の土地利用のあり方、地域性などを考慮したとしても、なおかつ違法であることを免れないと思われる。

　民法（現代用語化される前の旧法）第1条1項は、「私権ハ公共ノ福祉ニ遵フ」と規定し、同条第3項は、「権利ノ濫用ハ之ヲ許サス」と規定する。

　本件では、街並み景観を要素とする大学通りという地域的範囲も明確な景観という環境要素に係って美的満足感、精神的安らぎ、美の享受等々の理念的利益を日常生活において日々享受している多数の市民・地域住民が存在する。仮に景観享受権という権利が承認されるとしたら、その主体は、当該地の土地所有者、建物所有者、土地建物の占有者などの財産権者にとどまらず、学校生活などを送る生徒、学生、教職員などの通学・通勤者も含まれる。学校法人なども有形・無形の損害を被ることになるのであるから、その権利主体性が認められてよいであろう。

　これら多数の者の景観共同享受利益もしくは「生活利益の共同享受」[30]の利益は、民法第1条1項の「公共ノ福祉」の内容を成すものといってよい。そうであれば、本件建築行為は、「公共ノ福祉」を害し、「権利ノ濫用」に相当し、違法たるを免れないものと考えられる。

　なお、違法性以外に他に不法行為の要件が満たされれば、民法第709条の不法行為が成立する余地がある。その場合には、景観享受権を有する市民・地域住民個々人には精神的不快感を伴う生活被害ともいうべき損害が生じることになるから、それに見合うだけの損害賠償が慰謝料請求のかたちで認められてよい。

　さらに付言すれば、環境紛争では、環境改変行為を行う者は、地域住民との間で誠意をもって話し合い、同意を得るなどの民主的手続を尽くしたか否かの手続的合理性が重視されてきた。最近の眺望阻害事例でも、加害行為の態様として事業者側の誠意ある説明義務の履行の有無が違法性判断（場合によっては有責性判断要素ともなる。）で重視されている。この義務が尽くされないところで

は、背信的害意さえ認定される余地があろう。

いずれにせよ、本件では古典的な「シカーネ」[31]に類する側面もあるように思われる。

1) 芦部信喜『憲法学Ⅱ 人権総論』(有斐閣、1994年) 365頁では、環境権のような「生成中の権利であっても、憲法25条・13条によって憲法的に価値づけること自体に重要な意義がある。そういう価値づけを基礎として人格権として明確な内容をもつものであることが認められる場合、その人格的利益が公法上もしくは私法上の法理と手続に従って保護されるべきであることは当然であり、その点については原則として異論はない。」とされている。佐藤幸治『憲法〔第3版〕』(青林書院、1995年) 457頁も同旨。
2) 中山充「環境権—環境の共同利用権(1)〜(4・完)」香川法学10巻2号、10巻3・4号、11巻2号、13巻1号(1990〜1993年)。
3) 潮見佳男『不法行為法』(信山社、1999年) 57頁。
4) 石田喜久夫「〔816〕木曽駒別荘事件」谷口知平編集代表『判例公害法』(追録式) (新日本法規出版、1971年)〔コラム〕8350ノ9頁及び〔評釈〕8350ノ19頁参照。
5) 大塚直「生活妨害の差止に関する基礎的考察(7)」法学協会雑誌107巻3号(1990年) 137頁。
6) 富井利安「イギリスニューサンス法における差止命令と差止に代わる損害賠償—ことに『ケアンズ法』と『シェルファー準則』の解釈と適用を中心にして」広島大学総合科学部紀要Ⅱ・社会文化研究19巻(1993年) 1頁。特に19頁以下に掲げた〔参照判例〕参照。

なお、地役権(easement or servitude)の一種としての採光権(ancient light or right to light)、通風権(right to the free passage of air)は時効(prescription)によって取得され、または譲与(grant)もしくは合意(agreement)によっても取得されるが、眺望(view or prospect)は楽しみごとであり必要不可欠なものでないとの理由でコモンロー上その阻害は原則としてニューサンスとはならないとされてきた(以上、R. A. Buckley, The Law of Nuisance, 2nd ed. (1996) p.37など参照。)。
7) 富井利安「眺望・景観訴訟判例の分析と法理論上の課題」環境法政策学会編『温暖化対策へのアプローチ』(商事法務、2002年) 176頁。
8) 東京高決昭和51・11・11判時840号60頁。
9) 馬場俊介監修・佐々木葉ほか著『景観と意匠の歴史的展開』(信山社サイテック、1998年) iv頁。
10) 西山夘三『歴史的景観とまちづくり』(都市文化社、1990年) vi頁。
11) 野呂充「ドイツにおける都市景観法制の形成(1)—プロイセンの醜悪化防止法〔Verunstaltungsgesetze〕を中心に」広島法学26巻1号(2002年) 117頁以下参照。
12) 松浦寛「環境権の根拠としての日本国憲法第13条の再検討」榎原猛先生古稀記念論集『現代国家の制度と人権』(法律文化社、1997年) 165頁。
13) 高速増殖炉もんじゅ訴訟:最判平成4・9・22民集46巻6号571頁、都市計画法上の開発許可取消訴訟:最判平成9・1・28民集51巻1号250頁、森林法上の林地開発許可

取消訴訟：最判平成13・3・13判時1747号81頁。
14) 原島重義「開発と差止請求」法政研究46巻2〜4合併号（1980年）109頁以下参照。
15) 広中俊雄『民法綱要第1巻総論上』（創文社、1989年）14頁以下参照。
16) 最判昭和39・1・16民集18巻1号1頁。
17) 東京高決昭和53・9・18判時907号61頁。
18) 植田和弘『環境経済学』（岩波書店、1996年）6頁。
19) 吉田克己『現代市民社会と民法学』（日本評論社、1999年）246頁。
20) 淡路剛久「環境法の課題と環境法学」大塚直ほか編『環境法学の挑戦』（日本評論社、2002年）22頁。
21) 田山輝明『不法行為法』（青林書院、1996年）136頁ではこのことを「侵害類型の集団性」と呼んでいる。
22) 山川洋一郎ほか訳『J. L. サックス・環境の保護』（岩波書店、1974年）参照。
23) 大塚直「環境権」法学教室171号（1994年）35頁。
24) 淡路・前注20）23頁。
25) 岡田雅夫「湖沼水質保全行政と建設省」行財政研究24号（1995年）46頁。
26) 横浜地裁横須賀支判昭和54・2・26判時917号23頁。
27) 中山・前注2）香川法学13巻1号（1993年）68頁参照。
28) 「公共的空間利益」とは、牛山教授の造語かと思われる「公共的空間意識」から強い示唆を受けてのものである。牛山積『自然と人権』（敬文堂、1994年（非売品））36頁、同「公共的空間意識の形成」水資源・環境学会誌『水資源・環境研究』7号（1994年）巻頭言参照。
29) 吉田・前注19）245頁。
30) 広中・前注15）117頁参照。
31) シカーネとは、ドイツ語のSchikane、フランス語のchicaneに由来する外来語・カタカナ語であり、「専ら他人を害することを目的として権利を行使することをいい」、「権利濫用の典型的なものだが、権利濫用はこれよりも広い概念である。」（我妻榮編集代表『新法律学辞典〔初版〕』（有斐閣、1964年）383頁参照。）。

第3章　景観利益の侵害の私法的救済

I　景観利益の権利性が認められるべき法的論拠

1　景観法の基本理念

　景観法のもとで、法定の景観行政団体となる都道府県、政令指定都市、中核市のほかに、独自に景観行政団体に名乗りをあげる地方自治体が徐々に増えている。景観法は、その基本理念として「良好な景観は、美しく風格のある国土の形成と潤いのある豊かな生活環境の創造に不可欠なものであることにかんがみ、国民共通の資産として、現在及び将来の国民がその恵沢を享受できるよう、その整備及び保全が図られなければならない。」(同法第2条1項)とうたっている。

　本法では、良好な景観とは何かについて定義規定をおいていない。「良好な景観は地域ごとに異なるものであり、統一的な定義を置くと、結果的に画一的な景観を生むおそれがある[1]」というのがその理由である。また、本法は、「国民共通の資産」としての良好な景観に対して国民が「その恵沢を享受できるよう」と規定しているが、「その恵沢を享受できる権利を有する」とは明記していない。

　これは市民、国民の景観享受権(景観権)を否定する趣旨なのであろうか。私はそう解釈してはならないと思う。環境基本法第3条にも「現在及び将来の世代の人間が健全で恵み豊かな環境の恵沢を享受する……」との類似する規定がおかれているが、政府・環境省筋の解釈では、そこに「環境権の趣旨は法的に的確に位置づけられている[2]。」と説明されてきた。件の説明に倣うならば、上記の景観法第2条1項には「景観権の趣旨は法的に的確に位置づけられてい

る。」ということになる。

　要するに、景観法は地域住民・市民の景観権の承認を否定する趣旨ではなくて、むしろこれを承認する趣旨であると解釈すべきものである。ここに景観権が認められるべき公法上の根拠がある。

　景観権が認められるべき公法上の究極の根拠は日本国憲法第13条の幸福追求権及び第25条の生存権にある。景観権は環境権の一類型（個別的環境権の一種）であり、憲法学説では両規定の解釈を通じて環境権が承認され得ると考えるのが有力であり、多数説となっている（環境権の二重包装説・競合的保障説）からである。

2　社会共通の財産としての景観と「景域」概念

　景観法も認めているように、良好な景観が国民共通の資産であり、社会共通の財産であり、公共財でもあることに異論はない。

　大気環境などがそうであるように、一般に人間を取り巻く環境は広がりを有しかつ繋がっている。景観もそうである。したがって、「環境はいかなる者にも帰属しない。[3]」との言説は真実をついている。公共財たる環境ないし景観それ自体を対象にある集団または個人の排他的な支配権や所有権のような権利を観念することはできない。ただし、そのことは、地域的な環境ないし景観に与り、地域住民総体がその環境ないし景観から集合的利益を得ているという事実までが否定されることを意味しない。

　殊に景観については「景域」という概念があることに注目したい。景域とは「同様な特徴を有する地表の一部であって、地表より生ずる自然地理的、生物地理的かつ文化地理的一切の機能を標準として統一的な同質的な面相を有し、同様な機能をなすもの[4]」である。さらに、「landscape（Landschaft）の一般的訳語は"景観"であるが、景観が視覚的側面の強い概念であるのに対して、景域は郷土固有の文化創造の基盤であると同時に、そこに住む人々にとって共属感情を生起させる歴史的生態的地域である。その意味で景域の保全とは現実の人間活動が行われている地域で自然と人間の共存を図ることである。景域は生態的・地域的秩序概念であるから、単位性をもち類型化されるとともに階層化も

される[5]。」。

　ここから得られる示唆では、集合的利益としての景観利益は景域で画される一定範囲の地域に生活する地域住民・市民総体に帰属するということができる。これに関して「景観の利益が集団的に『帰属』する[6]」と述べる学説も現れているのが注目に値する。

　その利益は抽象的な意味での公益に吸収解消されないで、それとも区別されるべき「地域益[7]」とも呼べるものである。この景観利益は、差し当たって現に良好な景観を共同で利用し・享受している地域住民個々人の「私益の集合[8]」ともいってよい。ただし、良好な景観が有する価値はこの私益の集合・集計に還元され得ない、それを優に超える深遠な価値をも包蔵している。なぜなら、良好な景観は将来世代の人々の持続可能な使用に資するためにも保全されるべき貴重な環境素材（公共財）だからである。

3　景観権の法関係と法的主体

　ところで、集合的利益としての景観利益が地域住民・市民総体に帰属するという法的意味をどう考えるべきであろうか。ここでは、中山教授が主張する「環境権―環境の共同利用権[9]」の定義が参照に値する。すなわち、そのアナロジーとしては景観権―景観の共同利用権と呼ぶことができよう。そこに公正な景観利用・共同享受の法秩序の存在を読み取ることができる。つまり、集合的利益を対象に成立する景観の共同利用権（あるいは共同享受権）の裏には、次のような法関係と規範内容を見出すことができる。

　景域によって一定範囲に画される景観に親密に関わって、日常生活においてこれを共同で利用し享受している地域住民相互の間では、参加と協働のもとで互いにその景観を形成し、維持する義務を負うとともに、他の多数の住民個々人が適正に利用し享受している景観権を侵害しないよう努める義務がある[10]。これは「互換的利害関係[11]」とも呼べる法関係であるともいってもよい。当該の地域に土地所有権などを取得して一度この共同利用と相互拘束の法律関係に入る者は誰もがこの共存のルールを尊重しなければならない。この社会規範・法規範の拠り所は民事慣行・慣習法あるいは条理法から引き出すことができる。

集合的利益に関する景観の共同利用権ないし共同享受権は、例えば村落共同体のような団体に直接帰属し、この団体こそが景観権の法的主体であるとする考え方があるかもしれない。共同体が強固に存在する社会ではそのようにいうこともできようが、すべての個人に法的人格を認める近代法のもとでは、即座にそのようにいうことができないこともまた明らかである。そこで次のように考えたい。

集合的利益としての景観利益は地域住民総体に帰属し、さらに地域住民個々人はそれに与り個別・具体的な利益を享受している。つまり、景観利益は究極的には住民個々人に生活利益として帰属していると捉えることができる[12]。そして、現今の時代では、この個々人こそが景観権の法的主体（権利主体）となるが、ただし、留意されるべきは、この個人は孤立した人間ではなくて、地域住民集団に属する「集合人」たる個人であるということである[13]。

以上要するに、公共財としての良好な景観、その地域的福利としての集合的利益としての景観利益及び住民個々人の景観利益といういわば三層の重なり合う重畳的利益の存在を観念することができる。それらは密接に関連しており相互に峻別できないものなので、面的な広がりを有する良好な景観が特定の者による土地利用の結果として空間的に分断され破壊されるといわば三層の侵害が惹起されたように映るのである。

II 景観利益が認められるべき現行法上の根拠

1 景観利益と行政事件訴訟法第9条等

2004年に「行政事件訴訟法の一部を改正する法律」が制定された。その改正の趣旨は、「国民の権利利益のより実効的な救済を図る」観点におかれたといわれている[14]。

行政事件訴訟法第9条等で定められた「法律上の利益を有する者」に限り原告適格を認めるとの規定の解釈適用との関係で、従来の裁判実務は「法律上保護された利益説」に立ち、地域住民が行政処分の取消し等を求める環境訴訟などでは、住民らが享受する環境利益は法律上保護された利益とはいえず、単な

る事実上の利益ないし反射的利益に過ぎないとして原告適格を否定する判断が主流であった。

しかし、学説の「保護に値する利益説」などからの原告適格を拡大すべしとの批判を受けて、判例も柔軟な解釈方法を採用するようになってきた。その先例として引き合いに出されるのがもんじゅ無効確認訴訟最高裁判決及び川崎市開発許可取消訴訟最高裁判決[15][16]である。そこで打ち出された判旨では、原子炉等規制法、都市計画法の所定の法規定は単に一般公衆の生命、身体、環境上の利益を一般的公益として保護しようとするにとどまらず、一定の範囲に居住する住民についてはその「生命、身体の安全等」を個々人の個別的利益としても保護すべきものとする趣旨を含むとされ、その住民には原告適格が認められ得るとするものである。

岐阜県山岡町ゴルフ場開発許可取消訴訟最高裁判決でも森林法の所定の規定に関して次の判旨が示されている。「当該処分を定めた行政法規が、不特定多数者の具体的利益を専ら一般的公益の中に吸収解消させるにとどめず、それが帰属する個々人の個別的利益としてもこれを保護すべきものとする趣旨を含むと解される場合には、このような利益もここにいう法律上保護された利益に当たり、当該処分によりこれを侵害され又は必然的に侵害されるおそれのある者は、当該処分の取消訴訟における原告適格を有するものというべきである。そして、当該行政法規が、不特定多数者の具体的利益をそれが帰属する個々人の個別的利益としても保護すべきものとする趣旨を含むか否かは、当該行政法規の趣旨・目的、当該行政法規が当該処分を通して保護しようとしている利益の内容・性質等を考慮して判断すべきである。[17]」。

同判決も、個々人の個別的利益としても保護すべきものを一定範囲の住民の「生命、身体の安全等」の重大法益に限定しようとする意図が読み取れる。しかし、これらの判決は、一般的公益に吸収解消され得ない利益をなぜ「生命、身体の安全等」の法益に限定すべきかその理由を明らかにしていない[18]。

山岡町事件の名古屋高裁判決は、単に一般的公益に解消され得ない利益には、関係者の生命、身体にとどまらず、「財産及び環境上の個人の個別的利益をも保護しようとする趣旨を含んでいると解するの相当である。」と判示し、[19]

国立景観行政事件の東京地裁判決は、初めて地権者の「景観享受の利益」にまで保護範囲を拡大する判旨を打ち出し注目を集めた。[20]

その後の最高裁判決では、2件の総合設計許可取消訴訟事件で、改正前の建築基準法の所定の規定は「居住者の生命、身体の安全等及び財産としてのその建築物」[21]を、あるいは「当該建築物により日照を阻害される周辺の他の建築物に居住する者の健康」[22]を個々人の個別的利益としても保護すべきものと判示したものがあり、以前より幾分かは保護法益を広げる兆しがうかがえるものの、環境利益とか景観利益にまで個別・具体的な保護法益性を認めるかどうかは未知数である。

今次の行政事件訴訟法の改正は以上のような判例の到達点を踏まえ、原告適格をより広げる趣旨のもとで、同法9条に第2項を追加し、義務付け訴訟などを明記したものと受け止められるので、同法上の「法律上の利益」には、生命、身体、健康などの人格権侵害、財産権侵害にとどまらず、たとえ権利としては未だ明確に認知されているとはいえないものであっても、住民の生活利益と濃密に分かち難く結びついている貴重な環境利益ないし景観利益などはそれに含まれるというように解釈の発展を図るべきではないかと考える。

2　景観利益と民法第709条

2005年現代語化された民法が施行された。その第709条（不法行為による損害賠償）の規定は「故意又は過失によって他人の権利又は法律上保護される利益を侵害した者は、これによって生じた損害を賠償する責任を負う。」（傍点筆者）というように書き改められ、旧法の「権利侵害」と同列に「法律上保護される利益の侵害」が新たに加えられた。以下では、地域住民・市民が享受する景観利益はこの「権利又は法律上保護される利益」に含まれると考える意見を述べる。

今次の民法の改正は「現行法の内容に実質的な変更を加えることなく条文の現代語化を図る」ことにあったと説明されており、この709条の改正も確立された判例・通説の解釈にほぼ従ったものといえよう。[23]権利侵害要件は、大審院の桃中軒雲右衛門事件の判例から大学湯事件の判例の転回を経て、厳密な意味

での権利の侵害がなくても、法律上保護に値する利益の違法な侵害があれば足りるというように柔軟に解釈されてきた。すなわち「以後、保護法益について、判例は『権利』か否かを穿鑿せず、当該利益が法的保護に値するか否かによって判断するようになった。[24]」のである。

「法律上保護される利益」という場合の「法律上」というのは、個々具体的な制定法をいうにとどまらず、民事慣習法、判例法など「わが国実定法上保護に値すると評価されるもの[25]」であればよい。

「生活妨害」の事例においては、初期の頃から、民法の土地建物の利用権・所有権の侵害と意識され、また民法710条の規定の解釈で、その「身体」・「自由」・「名誉」は「人格権を例示したものと解すべき」で、「現在の判例・学説の多くはそのように解し、人格権の範囲を拡張」し、この拡張された人格権の範囲には、「平穏な生活ないし私生活の侵害」としての「生活妨害」が含まれ、インミッシオンないしニューサンスは「土地所有権に対する侵害となるほか、ひとびとの健康・愉快・便益を害し、『居住の平穏を侵害』する行為でもある。[26]」とする学説が現れていたのが注目される。

ところで、「人格的利益の中には、絶対的保護を受ける《権利》に分類してよいのか、それとも『法律上保護される利益』に振り分けるべきなのか明確ではないものもあるだろう。[27]」との指摘がある。四宮教授が「法成員の平均的タイプによって保護を要すると感ぜられる利益[28]」も不法行為法上の救済対象となる利益とみるのは、それが「法律上保護される利益」に含まれることを意味しているのであろう。ただし、一般に「法律上保護される利益」は明確に権利に分類されるものより権利性の程度が弱いと理解されている。

一方、公害による生命・身体・健康の侵害が利益衡量を待たずに絶対的保護を受ける権利・人格権侵害であることは判例・学説で一致している。また、幾多の航空機騒音公害訴訟の判例では、明確に身体・健康被害が生じているとまではいえないとしつつも、騒音による日常生活の妨害及び精神的・情緒的被害等を認め、受忍限度の判断枠組み（利益衡量）のもとでこれを人格権侵害とみて損害賠償だけは認容するのがほぼ通例となっている。このケースでは、私は明確に「権利侵害」が認められる以上は、原則は差止認容であるべきだと考え

ているが、この問題はここでは立ち入らない。

　これらの被害は、我妻博士の言葉を借りるならば、民法710条の「自由権」つまり「自己の自由活動に関して不法に他人から干渉せられざる権利」の侵害結果とみることができるものであり、あるいはまた拡張された人格権の一場面にほかならない。この拡張された人格権は、前に引用した人格的利益に関する二項分類のいずれにもしっくりと収まり切れないものであり、いわば絶対的保護を受ける権利と法律上保護される利益の中間に位置づけられるものなのかもしれない。

　ここで留意されるべきは、社会共同生活上の生活利益たる静穏な環境利益は地域住民総体に集合的に帰属する公共的利益ではあるが、それはまた個々人に帰属する「自由領域」（身体的・精神的自由）を介して個々人に人格的利益としても「帰属」するものであると捉えることができるのではないかということである。

　広中教授は、人格秩序の外郭秩序として「環境からの生活利益の享受—『生活利益秩序』」を位置づけ、後者では、環境からの生活利益の「享受」が問題となり、人格秩序でのような「帰属」が問題となるのではないといわれる[30]。しかし、前述したように、日照・通風・採光・眺望の阻害、圧迫感被害等の消極的生活妨害の事例であれ、騒音・振動・煤煙・悪臭等の空気汚染、汚水・廃液等の水汚染のような積極的生活妨害の事例であれ、人は、社会共同生活においても個人生活においても、環境からの生活利益を自己におのずと割り当てられた自由領域を介して享受しているのであるから、その利益は終局的には個々人に「帰属」していると解してよいと思う[31]。比喩的にいえば、自由はあたかも「生活利益秩序」と「人格秩序」を繋ぐ環のような役目を果たしているのである[32]。

　眺望の阻害などとほぼ同様にむしろ消極的生活妨害に含められる景観利益の侵害についても、前述したことが妥当する。ただし、近隣者の土地利用による他人の支配領域に対する干渉としての日照・通風・採光・眺望の妨害及び圧迫感の被害ないしプライバシーの侵害は比較的狭い居住環境に対する複合的な生活被害として現出されるのに対して、景観侵害は客観的な形象としての良好な景観に対する積極的な侵害という面が認識されるので、単なる消極的生活妨害

にとどまらない侵害の地域的広汎性・集合性ということが強く意識される。

よく消極的侵害の場合は積極的侵害の場合に比べて法的保護の必要性は高くないといわれるが、日照・通風の妨害事例で、「土地利用権の行使が隣人に生活妨害を与えるという点においては、騒音の放散等と大差がなく、被害者の保護に差異を認める理由はないというべきである。[33]」と明言する初期の最高裁判例があり、さらに、前に触れたように、埼玉県桶川市共同住宅総合設計許可取消訴訟で「日照を阻害される周辺の他の建築物に居住する者の健康」の保護に言及する最高裁判例があるのであるから、消極的妨害の事例では、生活利益の要保護性は高くないとは必ずしもいえないのである。個人的生活利益の侵害にとどまらず、侵害の地域的広汎性・集団性を有する景観破壊の事例においてはなおさらである。

以上の公害・生活妨害事件では、①大気・水・土などの身近な環境媒体の汚染を通じての生命・身体・健康の侵害（排他性を有する絶対的人格権侵害）の事例、②直ちにそこまでは至らないが、少なくとも健康被害が帰結される蓋然性があると疑われている騒音被害（あるいは日照妨害など）の事例、③直接的な健康被害が生じるとまでは意識されないものの、重大な生活妨害及び精神的・情緒的被害を招来せしめる騒音・悪臭等の公害または日照・通風・眺望の阻害並びに景観破壊等の事例などの諸類型が識別される。

②、③の事例群では、何らかの利益衡量を行うことを認めざるを得ないとすれば、それぞれの人格的利益の侵害は、絶対的人格権侵害とまで呼ぶことはできず、いわば拡張された人格権の侵害と呼べるものである。ただし、それが拡張された人格権に含められる限り、それよりは権利性の程度が弱いとみられる「法律上保護される利益」よりは法的保護の必要性は高いということができる。

以上の論理は、拡張された人格権概念を通じての「集団的環境権を個人的環境権へと構成替えする[34]」試みの1つでしかないと評価されるものかもしれない。

しかし、なおかつ個人的な拡張された人格権に還元されない本来の環境権や景観権を認める意義は大きいと考える。

前述したように、自己の自由領域に関して不法に他人から干渉されない権利としての自由は、人格秩序に属するものであり、人格秩序の外郭秩序たる生活

利益秩序・環境利用秩序を繋ぐ環のような役割を果たすものではあるが、それはあくまでも個々人に帰属する環境利益・景観利益の一局面をいい当てたものに過ぎず、広がりを有し繋がっている集合的利益を本性とする環境利益・景観利益の総体を捉えたことにはならないからである。環境権・景観権の存在意義はこの総体的把握を可能にするところにある。

要するに、「環境権では、この規範化確定にあたって、原告個人の個別被害を越える被害の広がりを顧慮しうるところに特色がある[35]。」。この総体的に把握される環境利益・景観利益は、環境権あるいは景観権が権利として明確に認知されているとはいえない段階においても、控え目に見ても民法709条の「法律上保護される利益」に係るものであると評価される余地が生まれたといえるのではないか。

なお、本来の環境権・景観権に特徴的な環境の総体的把握と被害の総量的評価の法的意味は何かという問題がある。

例えば大気、水、土などの環境媒体の著しい汚染は直接に人の生命・身体・健康の侵害（絶対権の侵害）を帰結するおそれがある（経験則）のであるから、空間軸のみならず時間軸の視点を入れて個々の人格権侵害が顕在化する前の総体的な環境破壊・汚染レベルの段階で差止めを求め、その加害の違法性は環境侵害の総量的評価で足りるというように構成できるであろう。

景域としての景観の破壊においても、直接的には上述のような絶対権の侵害とはいえないとしても、その被害は公共空間に広がり、侵害の二重性あるいは侵害類型の集団性[36]という特色が見られるものであるから、被害の総量的評価ということが差止違法性では特に考慮され[37]、また、不法行為の成立要件たる違法性評価の拡大、結果回避義務の高度化、因果関係の認定の集団性とその証明の緩和及金銭賠償の包括的評価などにおいても強く反映されることになる。

Ⅲ 景観利益等の侵害が不法行為となる場合のその要件と効果

1 権利侵害・違法性の要件

私は以前「景観利益の法的保護要件と効果」について論じたことがある[38]。こ

れは、景観利益の権利性が認められるべきことやその侵害に対する差止請求が可能であること等に焦点をおいたものであったので、景観利益の侵害が不法行為となる場合の成立要件と損害賠償請求の法効果を意識した論点については十分に論じられてはいない。

そこで、以下ではこの後者のテーマを中心に問題を検討することとしたい。論述の前提として次のことを確認しておく。

不法行為性を帯びる行為それ自体は既に終わっているが、その行為の結果としての例えば高層マンションといった建築物が立っており、それによって不法な侵害結果としての損害が発生し、それが、妨害状態が排除されない限り将来にわたって発生し続ける（継続的不法行為）という場合を想定する。そして、この継続的不法行為の場合には、特に差止請求権の法的構成について権利説によるべきか、不法行為説によるべきかといった議論があるけれども、本稿では、そのいずれでも説明可能という立場で論を進める。[39]

差止請求であれ損害賠償請求であれ、その成立の成否を決する要件は権利侵害ないし違法性である。妨害予防請求（不作為・禁止的差止請求）及び妨害排除請求（相手方に何らかの積極的・作為的行為を求める作為命令的差止請求・妨害物撤去請求）と損害賠償請求とで、違法性の判断基準に差異を設ける理論（「違法性段階説」）が有力といえるが、原則として両者はほぼ同一との意見もある。[40]

いずれにせよ、景観利益の侵害では、受忍限度という尺度を用いるかどうかはともかくとして、何らかの意味での利益衡量を行うことは避けられないので、やはり加害行為の態様における違法性の強弱（行政的規制による基準の遵守の有無、事業の種類・社会的性質、公序良俗違反の有無、事業者側の説明義務を尽くしたか否かなどの対応など）と被侵害利益の種類・性質・程度などとを比較考量して違法性の存否を決することになる。

その上に、近隣の地域性、居住の先後関係、加害行為の継続性の有無・程度[41]などの要素が加わるが、「生活妨害においては被害の程度そのもの（受忍限度を超えるかどうか）が規定的な意味をもっている。[42]」ということになるので、以下でも主としてこの点に絞って検討する。

被侵害利益としての景観利益の法的権利性が認められることは前述した通り

であり、地域住民・市民にとっての景観利益の内実は人格的利益または理念的利益であることは以前に指摘したことがある[43]。ただし、国立景観事件（民事）の東京地裁判決[44]及び名古屋白壁地区景観事件の名古屋地裁決定[45][46]は、景観利益を土地所有権から派生したものとかその「付加価値」と捉え、相手方の土地所有権の行使に起因する財産権どうしの衝突とその調整の問題として描き出している。

確かにそのような一面がないとはいえないが、やはり妥当ではないと思う。正確には財産権対人格権（景観権）の衝突であり、利益衡量に当たっては両者の質の違いを十分に考慮する必要がある。もっとも、前記の判決・決定ともに、実質的には景観利益の侵害の重大性、その公共性なども考慮に入れて、金銭賠償によるだけでは救済が不可能と判示しているのであるから、この質の違いは十分認識しているものと思われる。

景観利益の侵害が問題とされる場合には、しばしば同時に日照・通風・眺望の阻害、圧迫感による被害などの複合的生活妨害（土地建物の所有権・利用権といった財産権の侵害を含む。）があることが看過されてはならない。また、景観利益は土地に付加価値を生み出したものとの見方からすれば、それは個々の地権者に生活利益もしくは財産的利益として帰属しているといえるのであるから、その侵害は土地所有権ないし土地利用権に対する侵害という側面があることが十分に考慮される必要がある。

そして、景観破壊では、前に言及した重畳的利益の侵害とも呼べる被害の広汎性、公共性、総量的評価が違法性判断の重みづけの要素となる。

問題は景観利益の侵害の程度である。現存する良好な都市景観といえども、自然的・歴史的な諸条件の変化に応じて徐々に変化することは避けられない。それは許容される範囲内のものといえよう。しかし、周辺の環境と調和し難い著しい改変であるために景観破壊であり、景観利益の侵害であると受け止めるべき場合はあり得る。この許容される範囲を超える景観破壊が景観利益侵害として違法性を帯びることになる。

景観の改変が許容範囲を超えるものかどうかの認定基準の設定に関しても難しい問題がある。近年では、景観アセスメントないし景観予測シミュレーショ

ンの手法などを駆使したデータに基づく模擬形象の提示が行われることがあるが、決定的な要素は、やはり集合的利益としての景観を享受している住民の共同の意思・合意にあるというべきである。

よく景観の客観的な把握は可能か、景観利益の侵害の客観的評価は可能か否かということが問題となる。国立景観事件の東京高裁判決が、正当にも景観は客観的な形象であると述べる一方で、その良否の判断は主観的なものであって法的評価に馴染まないなどとしてすべての請求を棄却したのもこのことに関係している。[47]

私はその客観的な把握と評価は可能であると述べてきたのであるが[48]、ここでも触れておきたい。次の意見が参照に値する。「景観の客観的な把握の可能性を強調しておきたいと思います。高裁判決は、この可能性を否定した節があります。私は、それは問題ではないかと思っていました。今日の多くの先生方は、客観的な評価が可能だとおっしゃっておられて、心強く思っております[49]」。

吉田教授は「プロセスによる客観化」と「実体的な客観化」の二方向を示しているのが示唆に富む。同教授はまた、カントの『判断力批判』が扱っている「普遍的な美」を挙げている。つまり、主観的なるものの「普遍妥当性[50]」である。

誰もが美しいと感じる客観的な形象としての良好な景観が存在することは否定できない。しかし、その景観が破壊され、景観利益の侵害であると評価される規準は何かが問題となる。それは、当該の地域住民ないし平均的市民の多数の者が「著しい[51]」不快感・不自由感・違和感・醜悪感・不便など共通の感情による精神的・情緒的被害を被り、かつまた客観的に見ても周辺地域の環境・景観との調和を大きく崩す程の被害が認められるということである[52]。

なお、地域性については、先に触れた景観の景域概念に即して「統一的な同質性の面相を有する」地域特性を把握し、それと同質性を有する土地はたとえ周辺の土地と「用途地域」などが違うとしても、景域としては一体を成すものと評価すべきである。

2　故意・過失の帰責要件

景観利益の侵害につき不法行為が成立するためには侵害者に故意・過失とい

第3章　景観利益の侵害の私法的救済

う帰責要件が満たされる必要がある。

　初期の学説では、故意とは自己の行為が他人の権利を侵害し、その他違法と評価される事実を生ずるであろうということを認識しながら、あえてこれをなす心理状態であり、過失とは違法な事実の生ずるであろうことを不注意のために認識しない心理状態である、とされてきた。[53]

　しかし、この古典的な意味での通説たる過失概念は戦前において大阪アルカリ会社の公害事件判例などを経て変質させられた。つまり、社会的に有用な産業活動から不可避的に生じる公害被害の事件にあっては、当時の有力な学説は事業者には「通常の意味での過失」を認め得ないという立場に立ち、問題を挙げて違法性の問題をもって解決すべしとしたり、あるいは無過失責任論に走る傾向があった。ただ、企業には故意さえ認められるとする学説があったものの、それは有力とはならなかったのである。[54] もっとも、その後の判例・学説は水俣病事件などの幾多の公害訴訟事件に対応して企業の過失論を発展させ、殆どすべての事件において過失を認定し、不法行為責任を課すようになった。

　瀬川教授は「危険な活動に着目する過失概念」は次の２つの点で変容を迫られたとしている。①因果関係の証明の緩和と予見義務の強化、②加害活動の効用の考慮である。[55]

　「予見義務の強化」ということに関しては、私も、公害・生活妨害の事例では、事業者側に事前・事後の調査研究義務が課されるはずであり、その法的注意義務（当該の業種・業界で通常守るべきとされる注意義務）を尽くすならば結果発生の予見可能性を見出すことができるとし、予見可能であれば原則として結果の回避も可能であると論じてきた。[56]

　いずれにせよ、過失と違法性をめぐっては種々の議論がなされてきたのであるが、今日でも「過失を予見可能性（ないし予見義務）と損害回避義務の二つの要素を含むものとするのが通説の立場である。[57]」。

　高層マンション建設による複合的生活妨害・景観利益の侵害の事例においても、やはり予見可能性・回避可能性としての過失（加害行為の非難可能性に係る問題）の有無を正面から問題にすべきであると思う。その際の議論のポイントは、建築事業者には、事業に着手する段階で、そもそも現代の社会共同生活に

おいて市民の側において忍容されるべき程度の不便・迷惑・損害が発生するにとどまるのか、それとも、市民の側においてとうてい忍容され得ない違法な事実・損害が結果されることになるのか否かを十分予測し見極める法的注意義務が負わされているということである。

　事業者側が、ときには「事業活動の効用」は自明のことであるとの驕りからかもしれないけれども、この注意義務を十分に尽くすことなく、せいぜいのところ近隣住民には多少の不便・迷惑をかけるだけであろうと即断して行為をしているのではなかろうかとさえ思えることがある。この見極めに失敗して違法な結果を惹起せしめたならば、法的評価としては過失があるということになる。

　例えば「最低の基準」である建築基準法さえ守っていたら何をしてもかまわないといった態度に出たり、「悪法も又法律であるとの諺にならって、公になっている法令・規準等を守っていくのが公平・公正であります。」などといって行為に出るということは、違法な損害を発生させるかもしれないということを事前にある程度認識した上でのことであるといえなくもないので、そこには過失どころか「未必の故意」があるのではないかとさえ思える。

3　責任主体と損害賠償額の算定

　事業者等の過失ある違法な加害行為によって複合的な生活妨害と景観利益の侵害が引き起こされ、その結果として地域住民等に「精神的・情緒的な被害」等の損害が発生しているとの要件事実（法的因果関係と損害の発生）が満たされたと仮定される場合に、残された問題は誰に損害賠償責任（あるいは差止責任）を負わせるべきか（責任主体）ということと、損害賠償額の算定をいかにすべきかという問題である。

　前者の問題では、第1次的にはマンション建設販売事業者ということになるが、場合によっては、建築請負人やマンション購入者も連帯して責任主体となり得る。前に触れた国立景観事件東京地裁判決は、専ら景観利益の侵害のみを認定した上で、マンション1棟の高さ20mを超える上階の撤去命令を出したが、その対象にはマンション建設業者とともにマンション購入者も加えた。被害地権者3名については、撤去がなされるまで各自毎月1万円の損害賠償（慰

謝料）の支払いがマンション建築業者に対してのみ命じられた。

　この点に関して、隣接地所有者とマンション建築注文主及び建築請負人との間で日照を確保するため建物の高さ制限等を内容とする裁判上の和解が成立していたが、この和解内容に違反する建物が建築されたため、隣接地所有者が和解成立後に同建物を買い受けた区分所有者に対して求めた建物の一部撤去請求は棄却されたものの、注文主、建築会社及び区分所有者に対する損害賠償請求が認められた事例が参照に値する。

　この東京地裁判決は、原告地権者1名につき、被告ら（うち20余名は区分所有者）全員が共同不法行為者となるとして、民法719条を準用して被告らに対して500万円の慰謝料の支払いを命じたものである。500万円のうち、100万円は日照被害に対するもので被告ら全員に連帯責任を負わせ、400万円は注文主及び建築会社の和解における確認事項の不履行に伴って原告に生じた精神的苦痛に対する慰謝料である。

　マンションの購入者が責任主体とされるのは酷ではないかとの意見があり得るが、しかし、区分所有者は当該の建築物の区分所有権を有しこれを占有しているのであり、その建築物が現に景観利益や日照利益を侵害している以上は、仮に購入時にそのことを知らなかったとしても（注意すれば知ることができたのであれば、過失がある。）、責任の一半を負わざるを得ないといえよう。かかるケースでは、「買主注意せよ。」の法格言が当てはまる。

　日照妨害の裁判事例では、「認容された賠償額は数十万円程度と比較的少ない。」といわれているが、被害者が割に少額の慰謝料で満足すべきとされる根拠は明確とはいえない。一般に、日照と比べて切実な生活被害とはいえないとされている眺望阻害事例においてさえも、200万円以上の損害賠償（慰謝料または財産的損害賠償も含めて）を認めた裁判事例が幾つもある。

　なお、日常生活上の被害と精神的・情緒的被害を認めて損害賠償請求だけは認める航空機騒音公害事件の判例では、継続的不法行為の損害は日々発生するとの立場を採り、1か月単位で各自の慰謝料額を算定し、その損害賠償請求権が3年の短期消滅時効（民法724条）にかからない範囲での、口頭弁論終結時以前の過去3年間に原告らが被った被害についてのみ損害賠償を認め、将来の損

害賠償請求は棄却するのが通例となっている。その場合の原告各自の平均した損害賠償額は約50万円程度ではないかと推量される。

　以上の裁判事例などを参考にして、複合的生活妨害事例でもある景観利益の侵害事例においても、地域住民らに対してそれ相当の損害賠償（慰謝料）を認容すべき十分な法的根拠があると考える。その際には、景観利益の侵害は人格的利益の侵害を本質とするが、地権者は良好な景観の形成、維持に当たって格別の努力を払ってきたとみるべきであるから、他の被害者とは区別して慰謝料額等に差異を設けることは許される。また、財産的損害も含めて「慰謝料」という名目に包括して賠償金額を算定することは通例行われていることである。

　ただし、景観侵害事例では、国立景観事件の東京地裁判決が打ち出したような解決方向、すなわち妨害部分の排除請求を認めることを第1義とし、損害賠償（金銭賠償）は副次的に認めることこそが本筋であることを改めて確認しておきたい。

　無論差止請求が棄却され損害賠償のみが認められる場合があり得ないわけではない。その場合には厄介な問題がある。妨害状態が将来に及ぶ限り被害が継続することになるからである。航空機騒音公害事例のように、被害者は3年毎に損害賠償請求訴訟を繰り返し提起せざるを得ないという不都合なことが起こる。この極めて不合理な問題については、裁判実務家からも口頭弁論終結後の近い将来の損害賠償請求を認める方向に進むべきであるとの意見が出されている。

Ⅳ　京都洛西ニュータウン景観事件の控訴審判決

　京都洛西ニュータウン西竹の里町景観事件では、控訴審で1審原告・控訴人は、原判決の取消しを求めたほか、被控訴人（マンション建設分譲販売業者及び建築請負業者（2社））に対して本来の主位的請求（本件建物のうち、地盤面から高さ12mを超える部分を建築してはならないとの請求）に追加して、次の請求を行った。①本件建物のうち、地盤面から高さ12mを超える部分を撤去せよ（主位的請求）、②本件建物のうち、地盤面から高さ15mを超える部分を建築してはな

らない(予備的請求)、③本件建物のうち、地盤面から高さ15mを超える部分を撤去せよ(予備的請求)、④被控訴人らは連帯して、各控訴人らに対し、平成16年6月3日から上記撤去に至るまで、月額当たりそれぞれ10万円の慰謝料を支払え、⑤弁護士費用として500万円及び支払済みまでの年5分の割合による金員の支払い、である。

　大阪高裁判決[65]は本件控訴及び当審追加請求をいずれも棄却するというものであった。その理由としての判断は本件1審判決の説示とほぼ同一である。しかし、本件判決で評価できることは、1審判決同様に、景観利益の侵害が一定の要件のもとに不法行為となる場合があることを認めていること、しかもこの種の事件では初めて景観利益の享受が人格権の内容となっていると解する余地があるという判旨を明確に述べていることである。

　いわく「明文の法規あるいは法規を根拠とする条例に私人間の権利義務に関する定めがない場合において、良好な景観を個人の権利として構成することが困難であるとしても、生活上の利益としてこれを他人から不当に奪われた場合に、保護を求める利益及びそれに対する侵害の主観的及び客観的状況如何によっては不法行為として損害賠償の対象となることは考えられる。そして、受忍限度を超える異常な景観侵害等の事例においては、その場合でも自力救済が禁じられている以上、これに代わるものとして、良好な景観を害することが極端に甚だしく、かつどの角度から見ても存在する合理性に乏しい妨害物について、妨害の主体に対して、侵害を受けている個人からの不法行為に基づく、あるいは人格権に基づく、妨害物の建築差止請求あるいは撤去請求を認めるべきことも考えられる。」。

　以上の妨害排除請求の可能性を認める判旨は注目に値する。

　しかも、本判決は、原判決と同様に本件建物は旧建物よりも一回り大きく、延べ床面積が2倍以上あり、その「両側のタウンハウス、テラスハウスの低層住宅とは異なり、形態、色調等も周囲の環境にそぐわず、この地域の景観に合致しているとはいえず、景観の良好性を損なう違和感のある建物である。」とも認定している。この認定事実も重要である。

　しかし、そこから一転して「その建物が都市計画法、建築基準法等の法律に

違反しておらず、建築確認等の手続も履践されている。」「本件建物が直ちにきわめて不相当で、社会的に存在を許されないという程の異形、異相、醜悪なものではない。」と説示している。

以上の説示は、妨害物撤去請求という差止請求は極めて異例の例外的な場合にのみ認められるものとの前提で、その要件を厳しく絞るためのものであることが明らかである。

しかし、景観利益の侵害に対する差止請求についてここまで違法性要件を厳しく限定するのは疑問である。それは措くとしても、本判決の決定的な問題は、景観が損なわれていると認定しておきながら、この厳しく限定した差止違法要件をそのまま損害賠償違法要件にも適用し、「当審追加請求に関しても、受忍限度の範囲を超えるものであるとまで認めるには足りない」と一言で済ませていることである。

景観利益の侵害に対する損害賠償請求については、差止めの場合とはまたおのずと異なる不法行為成立のための要件を見定めて、その成否について独自の慎重かつ十分な吟味と検討が必要となるはずのものであろう。「どの角度から見ても存在する合理性に乏しい妨害物」「社会的に存在を許されないという程の異形、異相、醜悪なもの」なる要件は少なくとも損害賠償の違法性ないし受忍限度の判断要素とはなり得ないものである。そこまで悪質なものでなくても、本判決の言葉通り「侵害の主観的及び客観的状況如何によっては不法行為として損害賠償の対象となる」のである。そう考えないと、日照・通風妨害、眺望阻害、圧迫感被害などの生活妨害事例で損害賠償請求を認容してきた判例の立場とも大きく矛盾し、著しく均衡を失することになり、不当である。本判決も損害賠償請求の要件ではそこまでは要求されないと考えているものと思われるが、この点に関する独自の理由を示してはいない。

1審原告が控訴審で一歩譲って、「高さ15mを超える部分を建築してはならない（及び同部分を撤去せよ。）」との請求を予備的に追加したことについては、当審で1審の判決とはまた異なった独自の判断が必要だったと思われるのであるが、この点に関しても本判決が真摯に検討した形跡は認められない。1審原告のこの請求には十分な正当性があると思う。なぜなら、旧建物（京都歯科医

療センター）は塔屋部分は20mほどあったとしても、実体の建物の大部分は高さが15mにも満たないものであり、2階建ての低層住宅街と少し離れた所にある公営の集合住宅の大部分も5階建てで、高さが15m以下に抑えられているからである。これを規準にして、少なくとも建築禁止的差止請求等を認容したとしても相手方に酷であるということにはならない。そうはしないで、かつまた妨害排除請求を退け、揚げ句の果てに損害賠償責任までも不問に付すことは正当とはいえない。

　前述した論旨を本件に当てはめるならば、1審被告らには最小限不法行為による損害賠償責任が認められる。本判決も「景観を享受する利益は、……このような景観を形成し、維持するについて格段の努力、貢献をした者に対する関係において法的な保護に値する利益として評価され、それが違法に侵害されたときには、差止が認められるかどうかはともかくとして、不法行為に当たるものとして救済を受けることができる場合はあり得る」と述べている。

　この「格段の努力、貢献をした者」に限り景観利益の権利性を認める判旨に従ったとしても、本件では、マンション建設用地と同じく第2種中高層住居専用地域に属し、当初3階建てで医院の建物の建設を計画したが、周囲の環境・景観に配慮して2階建てに変更した原告が含まれており、さらに厳しい建築協定が結ばれているタウンハウスに居住する住民原告も含まれているのであるから、これらの者は良好な景観の形成と維持に「格段の努力、貢献をした者」に相当するというべきである。

　純然たる自然景観の場合は別として、都市景観や人工的景観の場合には良好な景観の形成・維持につき努力し、貢献した者について配慮することは当然であるとしても、「格段の」という語は無用ではないかと述べたことがある。その理由として次の2点を挙げておきたい。1つは、日照・通風妨害及び眺望阻害の事例で損害賠償を認めた裁判例ではかかる事情を保護要件に加えておらず、それらの事例と比較しても著しくバランスを欠くものとなるからであり、2つは、景観利益の本質は人格的利益なので、「格段の努力、貢献をした者」ないし「地権者」にのみ限定してその利益が専属するわけではないからである。無論それらの者と他の者とを区別して、損害賠償額に差異を設けることを否定

する趣旨ではない。

　本件ではただ単に景観利益の侵害だけが問題なのではない。本件建物は高さだけでなく、そのボリュームの大きさも問題であり、そのために近隣住民には、従前に享受してきた景観利益の侵害、日照・通風妨害、眺望阻害、圧迫感による被害など、まさに「日常の複合的な生活妨害」と「精神的・情緒的被害」が生じているといえるのではないか。しかも、差止請求が拒否されると半永久的に妨害状態が継続することとなり、それだけに1審原告らの精神的苦痛は痛切となり、損害も測り知れない。

　かくして、損害賠償請求では受忍限度を超えており違法であるとすれば、損害賠償額はいかほどになるのかが検討されなければならない。本審で、控訴人らは初めて「撤去に至るまで」月額で各自10万円の慰謝料を追加請求しているが、仮に「撤去には至らない」が不法行為状態が継続する場合の適正な損害賠償額がどのくらいになるのかが改めて算定される必要があろう。

　慰謝料という名目一本で包括請求をするかたちをとるのであれば、土地所有権・土地利用権の侵害という財産的損害の一面も考慮に入れた金銭賠償額の算定方法が採られるべきである。かつ将来にわたり継続して生じる蓋然性が極めて高い損害の賠償請求を提訴時点で一括して請求することが認められていない現状の裁判実務に照らして、その問題をいかにすべきかという困難な課題がある。

1) 国土交通省都市・地域整備局都市計画課監修・景観法制研究会編『逐条解説景観法』（ぎょうせい、2004年）26頁。
2) 「セミナー座談会」（環境権での石野耕也発言等参照。）ジュリスト1247号（2003年）79頁。
3) 原島重義「開発と差止請求」法政研究46巻2〜4合併号（1980年）120頁。
4) 荒木峻・沼田眞・和田攻編『環境科学辞典』（東京化学同人、1985年）213頁。
5) 同上。
6) 大塚直「国立景観訴訟控訴審判決」NBL799号（2004年）4頁、同「環境権（2）」法学教室294号（2005年）113頁参照。
7) 池田直樹「第Ⅰ部環境訴訟をめぐる動向第5章コメント」環境法政策学会誌8号『環境訴訟の新展開―その課題と展望』（商事法務、2005年）45頁以下。
8) 阿部泰隆「基本科目としての行政法・行政救済法の意義（1）」自治研究77巻3号（2001

年）22頁参照。
9) 中山充「環境権―環境の共同利用権（4・完）」香川法学13巻1号（1993年）68頁参照。
10) 淡路剛久「公害・環境民事訴訟」環境法政策学会誌8号（2005年）28頁。
11) 山本隆司『行政上の主観法と法関係』（有斐閣、2000年）310頁参照。
12) 富井利安「〔825〕国立市景観権事件」谷口知平編集代表『判例公害法』（新日本法規出版、1971年）追録134・135同綴号（2004年）〔コラム〕8350ノ171頁及び〔評釈〕8350ノ210頁、同「〔826〕国立市高層マンション景観侵害事件」上掲『判例公害法』追録138・139同綴号（2004年）〔コラム〕8350ノ219頁及び〔評釈〕8350ノ305頁参照。
13) 『法における人間』ラートブルフ著作集第5巻（東京大学出版会、1962年）11頁。
14) 小早川光郎・高橋滋編『改正行政事件訴訟法』（第一法規、2004年）i頁参照。
15) 最判平成4・9・22民集46巻6号571頁。
16) 最判平成9・1・28民集51巻1号250頁。
17) 最判平成13・3・13判時1747号81頁。
18) 阿部泰隆「原告適格判例理論の再検討（上）」判時1743号（2001年）171頁参照。
19) 名古屋高判平成8・5・15判タ916号97頁。
20) 東京地判平成13・12・4判時1791号3頁。
21) 最判平成14・1・22民集56巻1号46頁。
22) 最判平成14・3・28民集56巻3号613頁。
23) 道垣内弘人「民法709条の現代語化と要件論」法学教室291号（2004年）57頁参照。
24) 瀬川信久「民法709条（不法行為の一般的成立要件）」広中俊雄・星野英一編『民法典の百年Ⅲ』（有斐閣、1998年）602頁。
25) 道垣内・前注23) 61頁。
26) 我妻榮・有泉亨・四宮和夫『判例コンメンタールⅥ　事務管理・不当利得・不法行為』（コンメンタール刊行会発行・日本評論新社発売、1963年）247頁・251頁〔四宮和夫〕参照。
27) 池田真朗編『ジュリストブックス新しい民法』（有斐閣、2005年）101頁〔水野謙〕。
28) 四宮和夫『事務管理・不当利得・不法行為　中巻』（青林書院新社、1983年）297頁。
29) 我妻榮『事務管理・不当利得・不法行為〔新法学全集第10巻（1937年）復刻版〕』（日本評論社、1988年）136頁。同書で、同教授はさらに、公道を通行する権利などに触れた上で次のようにも述べている。「ここでも我々は、一般世人に許された自由を侵害する行為が法規違反であり又は公序良俗違反である場合に、単に行為者の公法的責任を問うに止めず、個々の私人に対する不法行為となすべきか否かを行為の態容と被侵害利益との種類から相関的に判断することによって違法性の有無を決するより他に問題を解決する途はないということを理解しなければならない。」（一部当用漢字に訂正・筆者）。
　　道路の自由使用に関する判例は古くから相当数に上る（原田尚彦「道路の自由使用」雄川一郎編『行政判例百選Ⅰ』（有斐閣、1979年）26頁など参照）。そのうち、大判明治31・3・30民録4輯3巻85頁は村民の道路「共同使用権」の、最判昭和39・1・16民集18巻1号1頁は「通行の自由権」の侵害を根拠に、妨害排除請求を認容している。
30) 広中俊雄『民法綱要第1巻　総論上』（創文社、1989年）19頁。
31) 好美清光「じんかくけん　人格権」『世界大百科事典　第14巻〔初版〕』（平凡社、1988年）234頁参照。そこでは「専属」という語が使用されている。

32) 私がこのようにいうとき、原島重義「わが国における権利論の推移」法の科学4号（1976年）76頁で、「自由領域・人格領域は、所有権のようにそれじたいとして一義的に、明白に劃定されるものではない。」と述べられていることなどから示唆を得ている。
33) 最判昭和47・6・27民集26巻5号1067頁（世田谷砧町日照・通風妨害事件）。
34) 伊藤進『公害・不法行為論』（信山社、2000年）24頁。
35) 藤岡康宏『損害賠償法の構造』（成文堂、2002年）495頁。なお、牛山積『公害法の課題と理論』（日本評論社、1987年）、特に96頁以下を参照されたい。
36) 吉田克己『現代市民社会と民法学』（日本評論社、1999年）246頁参照。
37) 田山輝明『不法行為法』（青林書院、1996年）136頁。
38) 富井利安「景観利益の法的保護要件と効果―洛西ニュータウン高層マンション建築事件京都地裁判決に接して」広島大学総合科学部紀要Ⅱ・社会文化研究30巻（2004年）25頁。
39) 富井利安「意見書:国立高層マンション景観侵害事件（平成15年（ネ）第478号建築物撤去等請求控訴事件）における一審被告の『準備書面（4）』（特に32頁以下）について」広島法学28巻2号（2004年）147頁以下参照。
40) 沢井裕『公害差止の法理』（日本評論社、1976年）115頁参照。ただ、何らかの利益衡量が避けられない事例では、一般論としては、差止請求（妨害排除・妨害物撤去請求等）と損害賠償（金銭賠償）請求とでは、受忍限度の水準は前者よりは後者の方が低い（つまり、前者より後者の方が認められやすい）といわざるを得ないであろう。
41) 幾代通『不法行為』（筑摩書房、1977年）82頁参照。
42) 広中俊雄『債権各論講義〔第6版〕』（有斐閣、1994年）459頁。
43) 野呂充「ドイツにおける都市景観法制の形成（1）」広島法学26巻1号（2002年）117頁以下参照。
44) 富井・前注38) 26頁参照。
45) 東京地判平成14・12・18判時1829号36頁、判タ1129号100頁。
46) 名古屋地決平成15・3・31判タ1119号278頁。
47) 東京高判平成16・10・27判時1877号40頁。
48) 富井利安「国立景観事件（民事）東京高裁判決について」法律時報77巻2号（2005年）1頁など参照。
49) 「ワークショップ報告（1）景観利益の法的規律―都市・建築計画学、法と経済学を踏まえて」でパネリストの一人をつとめた吉田克己教授の発言。都市住宅学48号（2005年）66頁参照。
50) カント・篠田英雄訳『判断力批判（上）』（岩波文庫、1964年）89頁では「普遍妥当性に対するかかる要求は、我々が何か或るものを美と判定するような判断にとって本質的なものである」と述べている。また、「草原の緑は、感官の対象の知覚としては客観的表象に属する、しかしこの緑色が快適であるということは主観的感覚に属する」（同書76頁）と述べるのは興味深い。
51) 「著しい」とは、分譲マンションの建設販売事業者と地域住民との間では、立場に交替可能性はなく（お互い様という関係になく）、事業活動による大きな建築物の構築によって他方の住民は一方的な被害を受けるだけという事情があるときには、通常人を基準として大方の人々が「社会生活上許容し難いと感じる程度の被害」といった意味合い

第3章　景観利益の侵害の私法的救済

で使っている。この一方的に受けるだけとの被害感情は痛切である。
　住民相互間の日常生活においても、生活騒音を発するとか、住宅の2階の建て増しなどにより隣人に多少の採光阻害・眺望阻害などの迷惑事を与えることがある。ただし、それはお互い様といえるものなので、損害賠償に値する損害ともいえないものであり、ここに不法行為は成立しない。イギリスニューサンス法でも、live and let live（互譲・互酬とも訳せる。）のルールとして知られ、そのルールを順守する限り違法なニューサンスとはならないが、しかし、そのルール違反は違法なニューサンスとなる（中山充・横山信二編『地域から考える環境法』（嵯峨野書院、2005年）41頁以下〔富井利安〕参照。）。

52)　富井利安「環境権と景観享受権」富井利安編集代表〔牛山積先生古稀記念論文集〕『環境・公害法の理論と実践』（日本評論社、2004年）17頁、富井・前注38）44～45頁なども参照。
53)　我妻ほか・前注26）106頁、我妻・前注29）103頁参照。
54)　富井利安『公害賠償責任の研究』（日本評論社、1986年）24頁参照。
55)　瀬川・前注24）576頁以下参照。
56)　富井・前注54）36頁以下参照。
57)　吉村良一『不法行為法〔第3版〕』（有斐閣、2005年）66頁。なお澤井裕『テキストブック　事務管理・不当利得・不法行為〔第3版〕』（有斐閣、2001年）174頁以下参照。
58)　国立高層マンション景観事件での被告不動産業者が取った態度である。同事件では、当該事業者には事前の調査研究を踏まえた違法な結果の予見義務及び回避義務の違反としての過失があったとみるべきである。同事件では、「マンションの高層化は回避可能」であったとし、「事業者側は誠意を持って被害回避のための努力をおこなうことを怠ったのである」と都市工学の専門学者からも厳しく指摘されている（西村幸夫「国立マンションの高層化は回避可能だった」環境と公害34巻4号（2005年）39頁）。
　なお、私は、同事件（民事）で、1審判決を覆した東京高裁判決は極めて不当なものと考えている。なぜなら、同事件は本稿の立場では不法行為成立のすべての要件を満たしているからであり、この点で法令の解釈適用を誤った高裁判決を不服として1審原告が最高裁に上告したのは極めて当然のことといわなければならない。
59)　東京地判平成15・1・21判時1828号59頁。
60)　宮田桂子「日照・眺望の侵害と救済」塩崎勤・安藤一郎編『新・裁判実務大系2　建築関係訴訟法』（青林書院、1999年）389頁。
61)　横浜地裁横須賀支判昭和54・2・26判時917号23頁（横須賀野比海岸事件）、大阪地判平成4・12・21判時1453号146頁（木曽駒高原事件）、大阪地判平成5・12・9判時1507号151頁（芦屋マンション事件）、横浜地判平成8・2・16判時1608号135頁（草津リゾートマンション事件）など。
62)　例えば金沢地判平成14・3・6判時1798号21頁（小松基地騒音公害第3・4次訴訟事件）、横浜地判平成14・10・16判時1815号3頁（厚木基地騒音公害第3次訴訟事件）など参照。
63)　塩崎勤『現代損害賠償法の諸問題』（判例タイムズ社、1999年）111頁以下参照。
64)　京都地判平成16・3・25判例集未登載。私は本件1審原告・訴訟代理人より本判決の当否につき意見を求められ意見書を書く機会があった。同書は大阪高等裁判所宛て提出されたのであるが、その後これに多少の加筆訂正を行い、前注38）引用の拙稿としてまとめた。

65）大阪高判平成17・3・16判例集未登載。上記と同様に、本判決の当否につき意見を求められ、「判決正本」の写しに拠り意見書を書いた。本件が国立事件に続いて最高裁に上告され第1小法廷に係り、この意見書も同裁判所宛てに提出されたことは「はしがき」で触れた。しかし、本件は国立事件とは異なり上告不受理の決定で終結した。
66）富井・前注38）41頁参照。

第4章　国立景観訴訟

I　国立景観訴訟とは何か

1　国立景観事件の経緯及び事実の概要

　東京都国立市の通称「大学通り」は、JR中央線国立駅から南に真っすぐ1200mも続く大通りである。合計4車線の車道、自転車レーン、その両側には高さ20mほどのイチョウと桜、赤松、プラタナスなどの並木が続き、またゆったりとした歩道が配置され、幅44mの美しい街並み景観がつくられている。

　「第1種住専」の市民運動があって、1973年10月、都市計画の改正により一橋大学から都立国立高校に至る大学通りの両側の奥行き20mの範囲の土地は第1種住居専用地域（後に第1種低層住居専用地域として引き継がれる。）に指定され、建物の高さが10mとされた。ただし、第2種住居専用地域に指定された学園用地等では高層建物が建てられる可能性があるものの、低層建物を建てる自主規制の伝統が続いてきたともいわれている。

　大学通りの南端に位置する本件土地には、元は東京海上火災保険会社の地下1階地上4階の建物が所在していたが、当時の同建物が「既存不適格建築物」となることを避けるため当該の土地も例外的に第2種住居専用地域（後に第2種中高層住居専用地域として引き継がれる。）に指定されたのではないかとされている。

　同社が市外に移転した跡地をA不動産会社が購入し、高さ約44m最上階14階（当初の計画では高さ約53m最上階18階）、地下1階、住居の総戸数353戸（うち住居は343戸）の分譲及び賃貸を目的としたマンションの建築が計画された。

　本計画を知った近隣住民等は「東京海上跡地から大学通りの環境を考える

会」を結成し、本計画の見直しを求める市民運動を起こした。国立市は、当該の土地が「都市景観形成条例」の「景観形成重点地区」の候補地内でもあったので、事業者に対して街並み景観と調和するよう見直しを求める文書等による行政指導を行った。けれども相手方は当初の建築計画を一部変更するだけであった。

1999年11月、国立市は本件土地を含む地区につき建築物の高さを20m以下に制限する地区計画案の公告・縦覧を行い、2000年1月24日「国立都市計画中3丁目地区地区計画」を告示した。

一方、Aは2000年1月5日、東京都建築主事から建築確認を得て同日建築工事に着手した。また国立市は、建築基準法68条の2の規定に基づく建築物制限条例につき規制対象区域に本件地区の地区整備計画区域を加えるよう一部改正し、同改正条例は同年2月1日公布、施行された。

同年、学校法人T学園及び近隣住民等は東京地裁八王子支部に建築禁止仮処分の申立て（予備的に高さ20mを超える部分の建築工事の禁止の申立て）を行った。同地裁の決定[1]は申立て却下であった。

本件抗告事件の東京高裁の決定[2]も抗告棄却である。同決定は、景観に対する住民の利益はそれのみでは被保全権利の根拠とはなり得ないとしたものの、前記改正建築条例の施行日当時「本件土地上には、『現に建築の工事中の建築物』（建築基準法3条2項参照）が存在していたと解することはできず、したがって、本件マンションは本件建築物制限条例に適合しない範囲すなわち高さ20mを超える範囲において、建築基準法に適合しない建物に当たると判断する。」との注目すべき判断を示した。

2001年3月、近隣住民、T学園及び同教職員ら52名ほどが原告（以下Xらという。）となり建築主A社及び建築請負人B社（以下Y_1及びY_2という。）を相手取り民事差止等請求訴訟（建築物撤去等請求事件）が提訴された。以下、「国立景観訴訟」と称する場合にはこの民事訴訟を指すことにする。

2001年5月、東京都多摩西部建築指導事務所長及び東京都建築主事を相手とする行政訴訟（建築物除却命令等請求事件）が提訴された。この判決が先に出されたのでこれについてまず触れておきたい。

2001年12月、東京地裁（市村コート）判決[3]が下された。結果は原告勝訴である。同判決は、上記抗告審東京高裁決定と同様に根切り工事の着手及び継続がされている建築物が建築基準法3条2項にいう「現に建築の工事中の建築物」には該当しないと認定し、景観につき次のように判示した。

「これら本件高さ制限地区の地権者は、大学通りの景観を構成する空間の利用者であり、このような景観に関して、上記の高さ規制を守り、自らの財産権制限を受忍することによって、前記のような大学通りの具体的な景観に対する利益を享受するという互換的利害関係を有していること、一人でも規制に反する者がいると、景観は容易に破壊されてしまうために、規制を受ける者が景観を維持する意欲を失い、景観破壊が容易に促進される結果を生じ易く、規制を受ける者の景観に対する利益を十分に保護しなければ、景観の維持という公益目的の達成が困難になるというべきである。」と述べ、T学園ほか3名の者の原告適格を認めた。また、景観侵害につき「回復し難い破壊」「被害は重大」と認定していることが特に注目に値する。

本判決は、おそらく行政訴訟において初めて景観に対する利益が建築条例及び建築基準法により「法律上保護された利益」に含まれるとしたものであろう。

しかし、本件控訴審判決は、1審被告の主張通り[4]「本件建物は本件建築条例に係る改正条例が施行された時点において建築基準法3条2項のいう『現に建築……の工事中の建築物』と認められる状態にあったと認められる」と判示し1審原告の請求を退けた。[5]

2　民事1審判決

2002年12月、本件東京地裁（宮岡コート）判決[6]が下された。本判決が出された時点で、係争中の本件建物が完成し順次分譲が始められたため完成した建物の一部撤去等請求に変更され、建物の区分所有者113名が被告（以下Y_3という。）に追加されていた。

本判決は、前にも触れたように裁判所としては初めて「景観利益」という概念を採用し、その侵害の程度を重くみて大学通りに面する東棟のうち高さ20mを超える部分の撤去をY_1及びY_3に対し命ずるものであった。本判決の核心は

「景観の権利性」の見出しのもとに判示した以下の部分である。

「特定の地域内において、当該地域内の地権者らによる土地利用の自己規制の継続により、相当の期間、ある特定の人工的な景観が保持され、社会通念上もその特定の景観が良好なものと認められ、地権者らの所有する土地に付加価値を生み出した場合には、地権者らは、その土地所有権から派生するものとして、形成された良好な景観を自ら維持する義務を負うとともにその維持を相互に求める利益（以下『景観利益』という。）を有するに至ったと解すべきであり、この景観利益は法的保護に値し、これを侵害する行為は、一定の場合には不法行為に該当すると解するべきである。」。

本判決はトピックとなり各方面に大きな影響を与えた。法学界においても景観論争ともいうべき議論が起こったことは後述する。

上掲の判旨は、「裁判官による法創造」[7]ともいえる画期的な意義を有するが、景観利益の発生根拠を上掲の行政訴訟東京地裁判決が採用した「互換的利害関係」[8]の法理に依拠していることがうかがわれる。ただし、後者の判決が景観の法的保護主体となる者をT学園ほか3名の地権者に認めたのに対し、前者の判決はそれと異なり、具体の景観利益の保護主体を本件マンションの東棟と大通りを挟んだ向かい側の土地の地権者住民3名に認めたにとどまる。この違いは拠って立つ法的根拠が異なるのであるから当然のことといえるかもしれない。

本判決は、景観利益は土地所有権から派生する付加価値とも捉えているから、その侵害は財産的利益の侵害と受け止めて物権的請求権の一内容である妨害排除請求を認めたものと解することができる。これは判例・通説の権利説に立つものと考えられる[9]。

また、本判決は、Y_1の行為が民法709条の不法行為に当たるものと認定し、妨害部分を撤去しない限り「景観利益に関して受忍限度を超える侵害が継続することになり、金銭賠償の方法によりその被害を救済することはできないというべきである。」と説示し、Y_1に対し3名につき撤去に至るまでの間1か月当たり各自1万円の慰謝料及び弁護士費用900万円の支払を命じている。

この金銭による損害賠償が不法行為の効果として認められたものであることは論をまたない。そして、本判決は、受忍限度を超える「侵害の継続性」及び

「被害の重大性」という2つの理由から、不法行為に拠りその効果として妨害排除請求を認めたものとも受け止められる。この立場では、継続的被害が生じる生活妨害ないし公害の裁判事例でしばしば採用されてきた複合説（二元説）[10]に立つものといえよう。

　本判決は、本件建物が建築基準法等に違反する違法建築物か否かという点については建築条例による高さ制限には適合しないとしつつも、前述した行政訴訟の東京高裁判決と同様に建築基準法に違反する建物ではないとした上で、しかし、建築基準法は「最低の基準」に過ぎないからその適法性から直ちに私法上の適法性が導かれるものではないと述べている。

　さらに、受忍限度の判断要素としてのY_1の対応、被害回避の可能性などを事実に即して詳細に認定し、「公法上の規制さえ遵守していれば不法行為が成立しないというものでないことは、幾つもの裁判例が繰り返し判示しているところである」と述べた上で、「いかに私企業といえども、その社会的使命を忘れて自己の利益の追求のみに走る行為であるとの非難を免れないといわざるを得ない。」と説示し、Y_1の行為態様を厳しく批判している。しかもY_1が撤去のために負担することとなる費用・損失が過大になるとしても、それは「経営判断の誤り」に起因するものであるから、受忍限度の検討要素としてその損害の程度を考慮すべきではないと判示した。

　以上の判断は、権利の濫用とは明示していないものの、本件は典型的な権利濫用に相当するとしているかのように見受けられる。

　なお、本判決についてやや疑問に感じることは景観利益がなぜ3名の地権者住民にのみ限定して認められるのかその理由が明確でないということである。前述した別訴行政訴訟東京地裁判決が原告適格を認めたＴ学園などの地権者にも景観利益が認められてよいといえないのであろうか。

　これに関し、当該学園の校地は「大学通りから20メートル以上離れているため、並木と調和する景観の形成に直接地権者として参加したということはできず、」その余の原告らも「三名に代表される当該範囲の地権者らの景観利益を反射的に享受するに止まる」と述べるだけでは十分とは思えない。

　実地見聞をした一人として、本件マンションの東棟、南棟及び西棟などの東

西に長くそそり立つ大きな構造物は大通りの視点場から見える街並み景観を損ずるだけでなく、その通りから20m以上離れているとはいえ、比較的至近距離にあるともいえる校庭・校舎から眺めた南方向の眺望景観を明らかに阻害するものであると感じたことを思い起こす。

3 民事控訴審判決

本件東京高裁判決は1審原告Xらの請求をすべて棄却する逆転判決を下した。[11]

本判決は景観論についてかなり詳しく言及しているので、まずこの点につき検討する。

良好な景観は「国民及び地域住民全体に対して多大の恩恵を与える共通の資産」であり、「社会的に価値のあるものであることは法的にも既に承認されていることである。」と述べるところに異論はない。また、景観の意義について「ここでは審美的要素はひとまず捨象し、客観的な形象としての対象という意味で『景観』という用語を用いる」と述べ、いみじくも「景観は、当該地域の自然、歴史、文化、人々の生活等と密接な関係があり、」と述べるところは全く正当である。

しかし、「審美的要素はひとまず捨象し」と述べるところはいささか疑問であるが、そう述べる論旨とは矛盾するかのように思えるところが多々ある。

すなわち、対象としては「客観的な形象」「客観的な存在」と正しく規定しながら、たちまち「観望する主体は限定されておらず、」その視点の位置も「多様」でかつ「移動」し、「景観の良否についての判断は、個々人によって異なる優れて主観性のあるものであり、これを裁判所が判断することは必ずしも適当とは思われない。」と述べている。

景観の良否または美醜は価値理念であるから、景観が良好か否かあるいはそれが美しいと感じられるか否かという判断には「主観的要素」が関係することはその通りである。けれども、そのことと「審美的要素はひとまず捨象し」と述べることとは矛盾するのではないか。

本判決は以下、この景観認識・評価の主観性、多様性ということにとらわれた景観論を縷々述べている。これでは景観の客観的な価値を総体として捉える

ことはできない。

　本判決はまた、眺望と景観を区別しながらもその区別の基準が明確でなく、しばしば両者を混同している。例えば「対象と主体において一定範囲に画される景観とは、当裁判所の理解からすれば、特定の場所から特定の景観に対する眺望にほかならず、」と述べており、あたかも広がりのある景観は対象と主体において一定範囲に画され得ないとしているが如くであるが、これは全く正当ではない。

　前述したように、景観（もしくは景域）は本来的に「地域」という性質と関連するものであり、その範囲も植生、地形、人為の事象等々の要素から成る同質的な面相を有するものであるから、おのずと一定地域の範囲を把捉することは可能である。[12)]

　また、いうところの視点の位置が「多様」で「移動」し「固定的でない」のは、景観の範囲づけが難しい理由とはなり得ない。それは、むしろ眺望景観ないし景観が視点を変えることによって微妙に変化したように見える面白さ、楽しさ、奥の深さ、豊かさ等の指標として用いられるべきものである。

　なお、私も、個人の居宅、旅館事業者等の客間・庭園等からの眺望（これは「狭義の眺望」といえる。）と視点場が多様な眺望景観（これは「広義の眺望」といえる。）もしくは景観とは区別するのが妥当とも述べてきた。前者は私的権利利益であるが、後者は私的権利利益と重なる面があるもののそれを超える公共性・公益性を有する。

　また、本判決は「南端の西側にある本件建物が大学通りの景観と重なって視野に入る区域、視点は、特に街路樹の緑が生い茂った季節にはかなり限定される」と述べ、それは「大学通り全体の一部である」と繰り返し述べている。しかし、それは特定の限られた視点から見渡した眺望の阻害というべきであり、これでは「木を見て森を見ず。」の類の論ではなかろうかとさえ思える。

　さらにいえば、本判決は景観形成に当たり「住民の参画」「住民の参加」に触れておきながら「特定の景観の評価について意見を同じくする一部住民に対し、景観に対する個人としての権利性、利益性を承認することは、かえって社会的に調和のとれた良好な景観の形成及び保全を図る上での妨げになることが

危惧される」と述べているが、これは全く道理に合わない論である。Xらが「一部住民」に過ぎないとするある種の予断に立っているかのように見える。

本判決は景観利益を否定しながらも次のように説示している。

「一審原告ら主張の景観権ないし景観利益については、その具体的な法的根拠はともかく、それを基本的に支持しようとする見解が少なくない。また、建築物の建築によってもたらされる生活被害が、社会生活上受忍すべき限度の範囲内であると判断される場合であっても、それが周辺住民等に対する加害目的でされたり、建築物の形状等が権利行使として著しく合理性を欠くと認められるなど社会的に相当性を欠くと判断されるときには、不法行為を構成する場合が有り得ると解される。」。

本判決といえども、極めて限定される局面においてではあるが、「シカーネ」ないし権利濫用に相当するようなときには強度の違法性の認定のもとで妨害排除請求を認める余地があるといわざるを得なかったのである。

本判決は、1審被告Y_1の行為態様については1審判決とは対照的な事実認定をしており、まるで1審原告Xの方に非違があるといわんばかりの公平でない認定を行っている[13]。

Y_1は、少なくとも本件土地の購入時点において国立市景観条例により当該の土地の部分が景観形成重点地区の候補地に予定されていた事実を知悉していたのではないのか。

本件1審判決が「本件土地に公法上の強制力をともなう高さ規制がない以上建築を強行できると判断して本件土地の購入に踏み切ったものであり、」このY_1の「思惑は、前記の二冊の近隣説明書に記載された『悪法もまた法律である』等の文言に如実に現れている」とY_1が「事前認識」を有していたこと、換言すれば故意・過失の有責性さえ認められるに等しい行為態様を取ったことを厳しく指摘しているのに、本判決がこうした点を黙認しているのは理解できない。

4　最高裁判決とその意義

2006年3月、上告審の最高裁第1小法廷(甲斐中コート)判決[14]が言い渡された。結論は上告棄却であるが、景観事件における史上初めての最高裁判所の判断で

あり、しかも「景観利益」という用語を最高裁としては初めて採用し、それが「法律上保護に値するもの」という法律判断が示されたことはまさに画期的意義を有する。

　ただし、この判決は、上告人が申立てた詳細でかつ大部の上告受理申立理由に対して「景観権ないし景観利益の侵害による不法行為をいう点について」という見出しのもとに限定して簡明な判断を示すにとどめた。

　以下、本判決の評価すべき目新しい点に絞ってその意義を述べる。

　第1に、「都市の景観は、良好な風景として、人々の歴史的又は文化的環境を形作り、豊かな生活環境を構成する場合には、客観的価値を有するものというべきである。」と明確に認めたことは先例としての意義を有する。客観的価値を有する要素として「良好な風景」「歴史的文化的環境」及び「豊かな生活環境」の3つを挙げているのも肯定されよう。

　第2に、「良好な景観に近接する地域内に居住し、その恵沢を日常的に享受している者は、良好な景観が有する客観的な価値の侵害に対して密接な利害関係を有するものというべきであり、これらの者が有する良好な景観の恵沢を享受する利益（以下『景観利益』という。）は、法律上保護に値するものと解するのが相当である。」と判示したことの意義は極めて大きい。

　これは景観評価の主観性と多様性等を理由にその法的保護を拒み続けてきた司法判断もしくはある種の常識ないし社会通念を打ち破るものと評価されよう。

　第3に、本判決が「良好な景観が有する客観的な価値の侵害に対して密接な利害関係を有する」者の指標として「距離的・地域的近接性」、その地域内の「居住性」及び「その恵沢の日常的享受」の3つの要素を挙げているのも肯ける。

　これは、原判決がいうところの「景観は、当該地域の自然、歴史、文化、人々の生活等と密接な関係があり、」と述べる部分を借用したとも受け取れるものであり、古くは日比谷公園環境権事件における東京高裁決定の傍論を彷彿とさせるものがある。

　第4に、上述したように最高裁としては初めて景観利益が法的保護に値するとした点も先例を切り開くものと評価できる。ただし、それは本件1審判決が打ち出した景観利益という用語を転用したものであって、その説得力ある判旨

を全く否定できなかったからであると思う。ただ、本判決は景観利益を「良好な景観を享受する利益」と規定しているから、明らかに1審判決とはその捉え方において相違がある。

なお、本判決は「景観利益を超えて『景観権』という権利性を有するものを認めることはできない。」と述べているが、「現時点においては」と断っているので、将来において認められる可能性は否定していない。

第5に、本判決は景観利益の法的根拠として、国立市景観条例、東京都景観条例及び景観法を明示するほか、民法709条の「法律上保護される利益」を指示しているから、その根拠は公法及び私法の両方におかれていることも意義深い。ただし、本判決では景観の「公共性」に触れる言葉は見当たらないけれども、上記法令を引いているのであるから当然のこととしているものと考えられる。

なお、本判決の意義について「環境権の発想を承継するもの[15]」といった評価がなされている。

一方で「いとも簡単に709条の『法律上保護される利益』であると認めた。[16]」「公法の規定から私法上の利益を直ちに導き出すかのような論述には、やや問題があるのではないか。[17]」「論理展開に飛躍が見られる。[18]」などの批評があり、また「景観利益のような公共的性質を（も）有する利益の私法上の保護可能性について、この最高裁判決の論理だけで十分なのかについて、なお、検討が必要なように思われる。[19]」といった意見がある。

けれども、本判決の文脈をよく読むと、「これも」（景観法等の公法のこと。（筆者））と述べた後に民法709条を括弧書きで引用しているのであるから、公法・私法相俟って景観利益の法的保護性を認めたものと率直に解釈すればよいと思う。読み方によっては「あながち不自然ではない。[20]」というべきであろう。

第6に、本判決は「ある行為が景観利益に対する違法な侵害に当たるといえるためには、少なくとも、その侵害行為が刑罰法規や行政法規の規制に違反するものであったり、公序良俗違反や権利の濫用に該当するものであるなど、侵害行為の態様や程度の面において社会的に容認された行為としての相当性を欠くことが求められると解する」と判示する。

これは判例・通説の相関関係説[21]を踏襲するものに過ぎないとはいうものの、原判決のように、「加害目的でされる」「権利行使として著しく合理性を欠く」などの厳しい要件を課しておらず、また受忍限度という用語を用いていないのも至当といえよう。ただし、この判旨は景観侵害の違法性の判断基準としては具体性を欠いている。

第7に、本判決は「本件建物を除き」と留保してはいるが、本件の景観は「街路樹と周囲の建物とが高さにおいて連続性を有し、調和がとれた景観を呈していることが認められる。」と述べ、また「少なくともこの景観に近接する地域内の居住者は、上記景観の恵沢を日常的に享受しており、上記景観について景観利益を有するものというべきである。」と明言していることも評価される。なぜなら、原判決が否定した景観利益を本件の具体の事実に照らして認定したものであって、この限りにおいて正当といえるからである。

II 最高裁判決にインパクトを与えた法的要因

最高裁判決を引き出した主体はいうまでもなく国立景観訴訟の原告団をはじめとする市民の憤りに根ざす闘いと運動であった[22]。その裁判運動は全国的な広がりを見せ、実に多くの研究者が共鳴し支援することになったことも特筆される[23]。以下ではやや回顧的になることをお許しいただいて、最高裁判決に至るまでの法的バックグランドを振り返り、その判決にインパクトを与えた要因を摘示しておきたい。

1　景観の権利性をめぐる学説の議論

本件1審判決の衝撃的な判断を受けて、法学界でも活発な議論が起こった。

まず、その判決に強く反発したり否定的な学説が結構多く見られる。いわく「景観権が、日照権、眺望権とは異なって、私法＝司法で形成できるものではなく、行政法規により形成すべきものである。」[24]「特に景観利益について、私法秩序において権利性を付与して位置付けることは、法の明確性、予測可能性、権利の実現費用等の観点から問題が多く、私法的権利性を認めるためにはこれ

らを解消しうる論拠が必要であろう。」「基本的には、景観利益の権利性は認められないので、特定の建築行為が近隣住民等の社会生活上受忍すべき限度を超える権利・利益の侵害になることはないと考えられる。」などの見解が代表的なものである。無論景観の権利性を認めるのに消極的な学説といえども景観の法的保護一般の必要性は否定しない。

次に、上掲の判決に好意的で肯定的な学説も多く出されてきた。それらは、景観の法的保護性が認められるべき論拠の違いによって以下のように分けられる。

①土地所有権派生説、②環境権説、③人格権説、④地域的ルール説、⑤慣習上の法的利益説、⑥生活環境利益説、⑦地役権説等である。このように競合する諸説は互いに他を排斥し合うものでなく、長所・短所を補い合う関係にあるとみるべきである。以上のほかにも、国立事件に対応して原告らの主張等を基本的に支持する学説が多く出されてきた。

客観的に見てこれらの学説が最高裁判決にインパクトを与えたことがうかがえるが、また、同判決が出されたことによって差し当たって上記の議論について前向きの決着が付けられたといえよう。

2 環境権の思想・理念の継承

国内外における環境権の提唱では、当初からその内容に景観美等が含まれそれが今に至るまで受け継がれてきているという事情が挙げられる。

アメリカで1960年代に起こったストームキングマウンテン事件（シーニックハドソン事件とも呼ばれる。）は景観保護訴訟である。同事件は小さな市民グループの運動から始まり1963年から1981年まで17年間も継続された。米国連邦電力委員会がひとまず、統合エジソン会社がハドソン川流域に設置を計画した当時世界最大規模ともいわれた揚水貯水式水力発電所の設置の許可をしたことに対し、同計画の見直しを求める世論が拡大し、ついに同社がそのプロジェクトを断念し和解契約によって決着をみたものである。

この事件は各州の憲法の改正で環境権が明記されるようになったことに少なからず影響を与えたとみられている。例えば1971年ペンシルバニア州憲法第

1条27節では「人は清浄な空気、純粋な水、そして自然的・景観的・歴史的・美的な価値がある環境の保護に対する権利を有する。」と規定され、ほぼ同様に景観美などを内容とする環境権は1972年マサチューセッツ州憲法第97条(修正第49条)においても規定されている。

また、1970年代初頭に日本で提唱された「環境権」の内実にも初めから眺望や景観が環境の重要な構成要素として念頭におかれていたことに改めて気付かされる。[38]

3　眺望阻害訴訟事例の累積

景観訴訟との境界事例ともいえる眺望阻害の裁判例において眺望利益の私法的保護を認める判決または決定例が着実に増えてきているという事情が指摘できる。眺望と景観は差し当たり区別すべきであるが、「眺望景観」あるいは「景観眺望」などともいわれ、両者が重なり合う面があることも否定し難い。「眺望が良き風物を享受する個人的利益の側面を意味するとすれば、景観は、それが客観化・広域化して価値ある自然状態（自然的・歴史的・文化的景観）を形成している場合を意味する。」[39]との意見もある。

いずれにせよ、狭義の眺望が私法的保護の対象となるのなら、それよりもっと貴重で客観的価値を有する景観が法的保護の対象とならないのは極めて不合理と感じてきたことがようやく理解されるようになってきたといえる。

4　行政訴訟における「法律上の利益を有する者」の解釈による拡大

最高裁は、新潟空港事件[40]、もんじゅ事件[41]、川崎開発許可事件[42]、山岡町ゴルフ場事件[43]の一連の累次事件で、行政事件訴訟法第9条等で定める「法律上の利益を有する者」の解釈において、それぞれ所定の法規は航空法、原子炉等規制法、都市計画法及び森林法と違いはあるものの、本書第3章II-1で引用した原告適格を拡大する一般的な判例理論を確立してきた。

かかる判例の動きは有力な行政法学による公益と私益の形式的峻別論に対する批判に応えるものと評価できる。[44]また、このような判例の流れは景観の権利性を認める方向と軌を一にするものと受け止められるが、それとこれとは「全

く別物である。[45]」との批判がある。ただし、「関連がある。[46]」との見解も出されてきた。

5 新たな立法措置

関連する新たな立法措置が偶然にも時期をほぼ同じくしてなされたことが最高裁判決に対して直接的にもしくは間接的にインパクトを与えたことがうかがえる。それは①景観法の制定（2004年制定、公布、同年12月施行）、②民法の現代語化への改正（2004年制定、公布、2005年4月施行）、③行政事件訴訟法の改正（2004年制定、公布、2005年4月施行）である。

Ⅲ 最高裁判決の問題点と課題

上掲の最高裁判決はその「解釈は不明晰[47]」と批判されているように、分明でない点が多々あり、また問題点及び課題もある。以下ではこれについて詳しく検討したい。

1 景観利益の法的主体は誰か

まず初めに、上掲の最高裁の一般的な判旨によれば「良好な景観が有する客観的な価値の侵害に対して密接な利害関係を有する」者とは誰かという問題がある。本判決は前述したように3つの要素を満たす場合にその主体につき法的保護に値する景観利益を認め、かつそれを本件事件の具体的な「大学通り周辺の景観」に適用しこれに近接する地域内の居住者は景観利益を有すると述べるだけで、その地域の範囲を明示していない。この地域的範囲を明確にすべき課題が提起されていると考えるが、ここではそれはケースにおいて異なり得るものというにとどめる。

本判決は1審原告Xらの殆どすべてに景観利益を容認したものとも解釈できるものであり、上掲の2つの東京地裁判決のように土地を所有する者に限定していない。

そうであれば、「大学通り周辺の景観」に対し、3要件の解釈しだいではそ

れらを満たす者すべてが景観利益を有することになり、その主体はXらに限定されない。少なくとも大学通りの両側奥行き20mの範囲内かもしくはその近隣の居住者の大半に法的主体性が認められるということになり、その数は実に多数に上る。

　3要件のうち特に「居住」要件を柔軟に解釈すれば、当該地に一定年限継続して通勤する者または通学する者等にも法的主体が認められてよいが、景観形成・維持に協力してきたボランティア・ボランティア団体の法主体性はボーダーラインにあるというべきかと考える。[48]

　また、本判決は景観利益の法的性質は「人格的利益」とみているかのようであり、それはそれでよい。[49]ただ、その地に主たる事務所としての住所がある学校法人、宗教法人及び各種の事業を営む法人等の法的主体性を否定すべきではない。これらの者も景観侵害により有形・無形の被害・損害を被るからである。

　また、土地・建物の賃借人及び不動産につき所有権、賃借権を有しない者であっても、相当の期間継続して当該の地に居住し良好な景観を享受している住民であれば、人格的利益もしくはアメニティの利益（これについては後述する。）を有する者として景観利益の法的保護主体とされてよい。

　なお、本判決は「互換的利害関係」に触れるところがなく、しかも、景観の形成及び保全に自己規制のもとで積極的に寄与貢献した地権者の存在に全く言及していないのをどう考えるべきかという問題がある。

　この点については、本判決が広い範囲の住民等に景観利益の享有主体を認めたことが、かえって景観利益の権利性を弱いものにしてしまったという批判が有り得る。ただ、密接な利害関係を有するという場合の「密接度」にはおのずと濃淡が有り得るので、積極的に寄与貢献した地権者については他とはまた異なる配慮が必要というべきかと考える。

2　景観侵害の軽視の問題

　最高裁判決の問題点は、景観利益の存在を認めながらもそれに対する違法な侵害はないとした点に如実に表れている。

　本判決は、前述したように「本件建物を除き、街路樹と周囲の建物とが高さ

において連続性を有し、調和がとれた景観を呈している」と認め、かつまた本件建物は「相当の容積と高さを有する建築物であるが、その点を除けば本件建物の外観に周囲の景観の調和を乱すような点があるとは認め難い。」(以上傍点筆者) と述べている。

これは何を意味しているのであろうか。裏を返せば、「本件建物を除く」ことなく、あるがままの事実を直視すれば、街路樹の上に突出する建物の高さ及びひと際目立つ建物のボリュームの大きさによって大学通りの景観が毀損されていると心底では認めているといえるのではないか。にもかかわらず「連続性を有し、調和がとれた景観」を建物の「外観」に矮小化し、景観侵害を否定している。これでは筋が通らない。

本判決は、肝心の景観破壊の核心を見ようとはせず、景観侵害ないしこれによって生ずる被害・損害を軽視し受忍限度という言葉こそ用いていないもののその限度内とみている。この論法は、仮に別件でまたしても高層建築物が建てられることになったといった事例を想定すると、「その建物を除けば」大学通りの街並み景観はなお「面目を保っているではないか」という風に乱用され、景観の崩壊を招きかねないものであって、とうてい賛成できない。

本判決はまた、景観利益の性質及びその具体の内容に踏み込んだ法律判断を回避しているが、ただ、原告らが被る被害は「多くは内心の感情に関する『弱い』人格的利益に基づく精神的損害」[50]に過ぎないとしているかのようである。前掲の２つの東京地裁判決が景観侵害の重大性を認定したこととは格段の違いがある。

しかも、景観侵害の本性は侵害利益の重層性もしくは集団性にこそあることの認識がなく、個々人の個別的利益としての景観利益だけを切り出して、公共財ともいえる客観的な形象としての景観破壊を軽視している。

民法学説にあっても、景観利益は「環境関連の公私複合利益」に含まれるとの指摘[51]やその「公共的性格」を踏まえ「景観利益を保護法益とする不法行為を認める際には、純粋な私益的・私法的利益の侵害とは異なる考慮が必要となろう。」[52]との見解が提示されている。つまり、侵害利益の重層性ということは近年の学説に共通する理解となっていることがもっと留意されてよい。

3 「生活妨害」とは何か

　最高裁判決が景観利益の侵害の程度を軽んずるものであることは「景観利益は、これが侵害された場合に被侵害者の生活妨害や健康被害を生じさせるという性質のものではない」と述べる点にも示されている。

　しかし、この説示は「生活妨害」を典型的な「公害」と殆ど同義と解しているかのようであり、もしそうであれば全く正当性はないと思う。景観侵害が少なくとも生活妨害となり得ることは十分に考えられるからである。以下そう考えられる理由を述べる。

　生活妨害には、無論公害が含まれるが、「典型7公害」には含まれない日照妨害、通風阻害、（ビル風・風害はむしろ「積極的侵害」に含まれる。）、眺望阻害、圧迫感被害、地下水の枯渇及びテレビの受信障害などの「消極的侵害」（隣地からの有害な物質等の侵入が認められる「積極的侵害」と対比して用いられ、そのような侵入があるとはいえないものの、生活被害を惹起する事例をいう。）が含まれる。

　大気汚染、水質汚濁、騒音等による健康被害ないし生活被害が「相当範囲」に及ぶ場合には、環境基本法の「公害」となることはいうまでもない。

　生活妨害とは、元は英米法のnuisance（「ニューサンス」）に由来し、その訳語ともいえる[53]。そして「ニューサンスの本質は、土地の使用または享有を不当に妨害する状態または活動[54]」と定義される。ここで留意されるべきはニューサンスの真髄は「特定の行為」は勿論、作為的行為とはいえない「妨害の状態または継続」についても成立するということである。

　また、私的ニューサンスの形態は一般に次の3つに分類される。①土地建物の財産権に対する直接の侵害（物理的・有形の損害が惹起される。）、②土地建物の使用または享有（the use and enjoyment of land）に対する妨害、③土地建物に関する権利・利益に対する侵害（その主たるものは地役権（easement or servitude）及び土地収益権（profit）に対する妨害である。）、がこれである。

　②は、amenity interests（アメニティの利益）に対する妨害とほぼ同義とされ、その利益の侵害が違法なニューサンスに当たるか否かの判断にとって「近隣地域の性質・地域性」が重要な要素となる。また、その侵害には有形の損害と並んで主観的な損害が含まれる[55]。

アメニティの利益とは「不動産的権利の享有・享受を増進せしめる有形・無形のあるもの。」と定義され（本書では端的に「居住環境または生活環境の快適性に対する利益」と規定しておきたい。）、「その利益の例としては、その所在場所の環境、眺望、景観、安全・安心またはレクリエーション施設へのアクセスの良さ」などが挙げられる[56]。

このようにアメニティの利益は土地建物という不動産の使用（享有）から得られる生活利益であるから、その土地建物に財産権を有する者がこれを有することは勿論であるが、その者の配偶者、子及び両親など建物の居住者もその利益の享有主体となるというべきである。ただこの点については、アメニティという言葉の発祥地において議論がある。

かくて、良好な景観の破壊は現代風にいえばアメニティの侵害と意識され、れっきとしたニューサンス（生活妨害）となり得るものである。

ところで、イギリス・ニューサンス法では、銅精錬工場の排ガス事件[57]以来、私的ニューサンスを土地建物の財産に対する実質的な侵害と土地建物の使用から得られる人格的利益の侵害（迷惑、不快感、不便、アメニティの喪失等）とに二分するのが先例となってきた。けれども、この区別は比較的最近の事件[58]における貴族院判決で排除されたといわれている[59]。

そこで、アメニティの利益に対する主観的・無形の損害と土地建物の財産権に対する有形の損害との間にはどちらともいえないようなグレーの領域があり、アメニティの利益の侵害が財産権の価値を減ずるといった知覚可能な損害を引き起こすこともあって、結局両者の違いは程度の問題に過ぎない、との見解が出されている[60]。

つまり、ニューサンス（生活妨害）としての性質を有する景観侵害においては、人格的利益及び財産的利益の両様の被害が生じるということであろう。

私は、前記東京地裁判決のいう「土地所有権派生説」にも一理があるとの趣旨を述べたことがある[61]。それは古くは「所有権の侵害は、単なる物質的な利益の侵害にとどまらず、主体者の人格的利益、その精神の自由の損害として意識される[62]。」との学説があり、それに魅かれてのことであった。

以上、景観利益の侵害は、公害の典型事例に見られるような被侵害者の生

命、身体及び健康という絶対的人格権侵害を直接的に惹起するものではないが、少なくとも被侵害者に対し生活被害を与え生活妨害となり得るものである。

4 違法性に係る判示事項の問題

本判決は、本件建物は「相当の容積と高さを有する建築物であるが、その点を除けば」と述べた上で、「本件建物の建築は、行為の態様その他の面において社会的に容認された行為としての相当性を欠くものとは認め難く、上告人らの景観利益を違法に侵害する行為に当たるということはできない。」と判示した。

さて、最高裁判決の違法性に係る判断は、そもそも損害賠償請求に係る判断なのか、それとも妨害排除請求(差止請求)に係る判断なのか明確でないという問題がある。

この点については、「本判決は、不法行為の成否を判断する場面において、景観利益が民法709条に規定される『法律上保護される利益』に当たると判示したものであり、それ以外の場面における景観利益の法的効力について言及したものではないことは、事案の内容や説示から明らかである。また、本判決は、……その不法行為の成立を否定し、Xらの請求を棄却したものであり、景観利益の侵害(不法行為)に基づく差止請求が認められるか否かという法律上の問題については判断をしていないと解するのが相当であろう。[63]」との最高裁調査官解説が出されてきた。

また、学説においても「差止めを念頭においたものではなく、あくまでも損害賠償を念頭に置いたものとみるべきであろう。[64]」との批評があるほか、「国立景観訴訟最高裁判決は損害賠償の可能性は認めるが、差止については明らかでない。[65]」との意見もある。

これらの見解がいう損害賠償とは金銭賠償を指すということであれば、以下のようなことを指摘できる。

本判決の趣旨が、上告受理申立理由のうち「第2 不法行為に基づく撤去請求も認められる」との主張に対して、「景観権ないし景観利益の侵害による不法行為をいう点について」という風に捉え返して限局し、景観利益の侵害に対

する金銭賠償の可能性についての判断を示したのに過ぎないとすると、本件における「訴訟物」（「私法上の権利または法律関係の存否の主張」[66]）との関係で果たして整合性があるのかといった疑問が生じる。なぜなら、本件における訴訟上の請求は景観利益の侵害に対する妨害排除請求が第１義的な目的とされており、金銭賠償（慰謝料等）請求はあくまでも妨害状態が継続しそれが除去されるまでの間に被る被害つまり現在及び過去の損害の填補請求に過ぎないからである。

なおまた、その判示事項の趣旨が金銭賠償による救済の可否に係るものでしかないとすると、なぜ「高いハードル」[67]を課したのか疑問が残る。日照妨害、眺望阻害などの生活妨害事例と比較して、被害者の司法的救済において著しく公平を欠くこととなるからである。

むしろ、本判決は上告受理申立理由の内容及び本件１審判決を強く意識し受け止めた上で、事後の「妨害排除請求」に対し違法性要件に厳しい枠をはめるという意図がうかがえるし、現にそのように読み込むことも可能とする意見[68]もある。

いずれにせよ、上記調査官解説が妥当ということであれば、最高裁の判旨は不法行為の成立要件のうち権利ないし法律上保護される利益（景観利益）の存否の判断及びその侵害・違法性の存否の判断を示したものに過ぎず、それ以外の故意・過失、法的因果関係及び損害といった他の成立要件については全く触れるところがなく、ましてや不法行為の効果としてどのような救済方法が可能かといったことは明確に判断していないという論理的帰結となる。

そうすると、違法性判断について提示された一般的判旨は不法行為の効果論も含めて解釈するに当たっては「開かれている。」ということができる。換言すれば、景観利益侵害の不法行為類型に即した損害賠償（金銭賠償）請求のあり方、金銭賠償と並んで例外的に原状回復請求が認められるか否か、不法行為の効果として妨害排除請求が認められるか、また、景観侵害のおそれに対して妨害予防の差止請求が認められるか等々の問題は今後の課題として大いに議論される余地がある。

以下で、この提起されている課題につきやや一般的な考察を行っておきたい。

5 原状回復請求の可否

不法行為の効果としての損害賠償は金銭賠償によるのが原則であり、いわゆる原状回復（損害がなかった元の状態を回復すること）は民法723条、鉱業法111条2項のような特別の法規定で認める場合以外には認められないとするのが判例・通説である。

しかし、学説には「必要に応じて原状回復を認めていくべきである。[69]」「特別法がなくても原状回復を認める場合はありうるであろう。[70]」との意見があり、また立法論として特別の事情があるときは原状回復を認める提案もなされている[71]。さらに「景観利益の特質に鑑みれば、不法行為の効果としての原状回復措置としての除去請求は、認められうるのではなかろうか。[72]」との意見や公法学者からも「景観侵害に対して、差止訴訟、損害賠償請求ばかりでなく、原状回復をも求めることができる地位を提言したいと思う。[73]」とする意見もある。

景観の保護は、本来未然防止が原則であるべきである（すなわち妨害予防請求が認められるべきである。）。しかし、毀損されてしまった景観が修復可能なものである場合には、損害賠償の例外的な措置としてかあるいは端的に妨害排除請求としてか（これに関しては難しい議論がある。）はさて措いて、侵害者に対して原状回復措置を取ることが義務づけられるとしてよいと考える。

その場合に、違法性の判断基準としては原則として原状回復請求と損害賠償（金銭賠償）請求とで違いを設ける必要はなく、一概に前者についての違法性の程度は後者のそれより強いものでなければならないとすべきでない。いずれも不法行為の成立要件としては同じものであるからである。

6 妨害排除請求権の法的根拠

景観侵害につき不法行為が成立する場合に、その効果として妨害排除請求権が認められるかという問題が提起される。

これまた、不法行為の効果はあくまでも「事後」の損害賠償に限られるとの理由からこれを消極的に解するのが従来の判例・通説であった。

この点につき、上記の原状回復に否定的な学説においても「不法行為の効果として差止請求権を認めること（裁判官による法創造として）も、決して不可能

ではない。[74]」と述べており、その他の学説でも肯定するものが結構多い[75]。また、生活妨害・公害の事例では、不法行為説に立って差止めを認めたものと解される下級審裁判例も少なくない。

また、景観利益は人格権の一内容であり、あるいは本件1審判決のように土地所有権から派生する付加価値であるとみることができれば、人格権もしくは所有権に準じる権利・法益侵害説に基づく差止請求権が認められることはいうまでもない。

そして、この場合にも不法行為の成否を決する違法性の判断基準は原則として妨害排除請求と損害賠償請求とで違える必要はないというべきである。

7 予防的差止請求権の論拠

未だ不法行為の成立要件を満たしているとはいえない場面において、「権利侵害」とまではいえない（法的保護に値する景観利益の）「利益・法益侵害」ないしそのおそれがあるときに妨害予防としての差止請求はできないと解すべきではない。有力な学説においても、法律構成や法的根拠について多少意味合いの違いがあるもののほぼ一致して、「法益侵害」の場合であってもその侵害が違法であれば差止めが認められるとしているからである[76]。

なお、積極的侵害と消極的侵害とを区別して、後者について不法行為的構成を採用し「権利侵害に至らない人格的利益の場合には、少なくとも加害者の注意義務違反を問題としない差止は認められないことになろう。」とする学説がある[77]。同説が日照妨害及び眺望阻害といった消極的侵害事例を対象にしている限り正当である。しかし、景観侵害の事例に対してはそのまま妥当しないと考える。なぜなら、景観の事例では客観的な形象としての景観に対する積極的な侵害が観念されるだけでなく、景観の価値に対する侵害はそれらの生活被害にも増してより重大だからである。

ところで最高裁判決に関して以下のような見解がある。

「上記上告審判決では、そもそも原告らの主張する景観利益が不法行為法上の保護を与えられないこととなったため、建築差止請求や完成後の建物撤去請求が不法行為の効果として認められるか否か、認められるとした場合の要件は

どうかという点については判断が示されていない……。然し、眺望侵害に関して述べた前記3の(5)と同様、実際上の効果が絶大で、これが認められる場合の原状回復が極めて困難な差止請求については、慰謝料等の損害賠償請求に比して更に保護要件の審査は厳しくならざるを得ないのであり、法規や条例に反することを知りながら、悪意で建築した場合のように、侵害行為の態様や程度の面において著しく社会的相当性を欠くことが必要とされるであろう[78]。」。

これは法律実務家の率直な意見として受け止めておきたい。悪意（害意）の建築というがごとき例外的な場合が実際どれほどあるのか疑問であるが、その場合に悪意もしくは故意という主観的・有責要件を問責して強い違法性を認めるのは当然のことである。

ただ上記の論は「違法性段階説」ともいうべきものであり、とうてい賛成できない。かつて示された「差止請求を認容するためにはより高いレベルの違法性が必要とされるといった説明の仕方は的確ではないという考慮があるものと思われる[79]。」と述べる最高裁調査官解説とも符節が合わない。

ちなみに相関関係説の提唱者でさえ「権利濫用の成立要件として、他人を苦しめることを目的とするといふが如く権利行使者の主観的要件を問題とすることは近時の学説の採らざる所である。近時の学説によれば権利行使の客観的態容を検討し、その社会的意義に反するものをもって権利濫用とする[80]。」と述べていたところであり、この客観説が判例・通説となってきたからである。

現今でも「差止にも操業の停止から防止措置の設置に至るまで種々の方法が存在するのであり、これらについて一律に損害賠償より違法性の程度が高いということは困難であるという視点も加えられるべきであろう[81]。」とする有力な見解があることも留意されるべきである。

1) 東京地裁八王子支決平成12・6・6判例集未登載。
2) 東京高決平成12・12・22判時1767号43頁。
3) 東京地判平成13・12・4判時1791号3頁。
4) 東京高判平成14・6・7判時1815号75頁。
5) 本件は上告されたのであるが、上告不受理の決定が出され終結した。なお、国立事件では、このほかA社が国立市及び同市長を訴えた「条例無効確認請求事件」・「損害賠償

請求事件」の判決（東京地判平成14・2・14判時1808号31頁、東京高判平成17・12・19判例自治277号61頁）等も存在するが、ここでは言及しない。
6) 東京地判平成14・12・18判時1829号36頁、判タ1129号100頁。
7) 四宮和夫『事務管理・不当利得・不法行為　下巻』（青林書院、1985年）478頁。
8) 山本隆司『行政上の主観法と法関係』（有斐閣、2000年）310頁など。
9) 淡路剛久「景観権の生成と国立・大学通り訴訟判決」ジュリスト1240号（2003年）78頁では「本件をできる限り既存の権利概念で解決しようとした本判決の努力は評価されるべきだ」とされ、「最もすわりの良い構成」（関智文「判批」不動産研究46巻1号（2004年）31頁）とも評価されている。土地所有権に着目するものとして牛尾洋也「景観利益の保護のための法律構成について」龍谷法学38巻2号（2005年）1頁なども参照。
10) 澤井裕『テキストブック　事務管理・不当利得・不法行為〔第3版〕』（有斐閣、2001年）123頁。同書では「中核を権利的に、周辺を不法行為的に」とされている。
11) 東京高判平成16・10・27判時1877号40頁。
12) 荒木峻ほか編『環境科学辞典』（東京化学同人、1985年）213頁参照。
13) 河東宗文「景観は誰のものか―専門協力者の視点から」首都大学東京　都市教養学部都市政策コース監修『景観形成とまちづくり―『国立市』を事例として』（公人の友社、2008年）24頁など参照。
14) 最判平成18・3・30民集60巻3号948頁、判時1931号3頁、判タ1209号87頁。
15) 大塚直「国立景観訴訟最高裁判決の意義と課題」ジュリスト1323号（2006年）76頁。
16) 大塚直「国立景観訴訟最高裁判決」NBL834号（2006年）4頁。
17) 大塚・前注15）80頁。
18) 前田陽一「景観利益の侵害と不法行為の成否」法の支配143号（2006年）101頁。
19) 吉村良一「国立景観訴訟最高裁判決」法律時報79巻1号（2007年）143頁。
20) 潮見佳男『不法行為法Ⅰ〔第2版〕』（信山社、2009年）249頁。
21) 我妻榮『事務管理・不当利得・不法行為〔復刻版〕』（日本評論社、1988年）125頁以下参照。
22) 石原一子『景観にかける―国立マンション訴訟を闘って』（新評論、2007年）参照。
23) 大西信也「国立マンション訴訟から景観市民ネットへ」環境と公害36巻2号（2006年）20頁以下参照。
24) 阿部泰隆「景観権は私法的（司法的）に形成されるか（上）」自治研究81巻2号（2005年）4頁。
25) 福井秀夫「景観利益の法と経済分析」判タ1146号（2004年）77頁。
26) 大野武「都市景観をめぐる紛争と法―私法と公法の役割と限界」土地問題双書37号『借地借家法の改正と新景観法』（有斐閣、2006年）132頁。
27) ほかに、福井秀夫・久米良昭「ワークショップ報告（1）景観利益の法的規律―都市・建築計画学、法と経済学を踏まえて」都市住宅学48号（2005年）60頁、同「シンポジウム報告景観保全の現状と課題―住宅地・商業地の景観をいかに保全するのか」都市住宅学52号（2006年）83頁、水野謙「『環境』をめぐる法的諸相―市場の論理・共同体の利益・個人の自立」北大法学論集56巻4号（2005年）222頁、長尾英彦「『景観権』論の現状」中京法学40巻1・2合併号（2005年）6頁、和泉田保一「景観利益はいかにして保護されうるか―国立マンション訴訟を題材にして」東北法学27号（2006年）13頁

28) 上掲東京地裁判決に続き、名古屋白壁マンション事件の名古屋地決平成15・3・31判タ1119号278頁がこの説を採用している。
29) 淡路・前注9) 68頁では国立1審判決は「実質的には、環境権としての景観権を一定程度実現している。」と評価するが、同感である。環境権の分枝としては「景観権説」ともいえる学説を挙げることもできよう。
30) 私は「人格的利益」ないし「拡張された人権」を前面に押し出す議論をしてきたことは第3章で述べた通りである。なお、地域的ルール説を採る吉田教授も「人格的利益や人格権レベルで把握すべきもの」とも述べている（吉田克己「景観利益の法的保護」判タ1120号（2003年）67頁。
31) 吉田・上掲、牛尾洋也「都市的景観利益の法的保護と『地域性』—国立マンション訴訟が提起するもの」龍谷法学36巻2号（2003年）1頁、吉村良一「景観の私法上の保護における地域的ルールの意義」立命館法学316号（2007年）449頁。
32) 大塚直「国立景観訴訟控訴審判決」NBL799号（2004年）4頁、同「環境権（2）」法学教室294号（2005年）113頁、同・前注15) 70頁。
33) 松尾弘「景観利益の侵害を理由とするマンションの一部撤去請求等を認めた原判決を取り消した事例」判タ1180号（2005年）119頁。
34) 小澤英明「景観地役権」判タ1011号（1999年）28頁。なお、本説は国立事件より以前に出された論文である。
35) それらについては、黄巧琳「日本における景観の法的保護確立への道程」修大論叢30号（2008年）105頁以下の注76) 参照。
36) この事件を初めて紹介したのは、生田典久「米国における環境権 Environmental Right にもとづく公害訴訟の新動向（上）（下）」ジュリスト467号〜468号（1970年）141頁、146頁ではなかったかと思う。
37) 黄・前注35) 64頁以下も参照。
38) 大阪弁護士会環境権研究会編『環境権』（日本評論社、1973年）22頁以下、50頁、67頁以下、77頁以下、83頁〜88頁など参照。
39) 淡路剛久『環境権の法理と裁判』（有斐閣、1980年）110頁。
40) 最判平成元・2・17民集43巻2号56頁。
41) 最判平成4・9・22民集46巻6号571頁。
42) 最判平成9・1・28民集51巻1号250頁。
43) 最判平成13・3・13民集55巻2号28頁。
44) 芝池義一「行政事件訴訟法における『法律上の利益』」法学論叢142巻3号（1997年）12頁では「個人的利益が公益を構成する利益の一つとしていわば生き続けている」とされ、阿部泰隆「原告適格判例理論の再検討（下）」判時1746号（2001年）189頁では「公益と私益の累次元的区別は不適切ではないか」とされ、亘理格『公益と行政裁量』（弘文堂、2002年）285頁では「……公益というのは、利益衡量を媒介として私的権利利益と密接な関係に置かれている。」とされている。
45) 阿部・前注24) 8頁。
46) 大塚・前注15) 75頁。
47) 広中俊雄『新版民法綱要第1巻　総論』（創文社、2006年）172頁。

48) ボランティア・ボランティア団体にも「密接な利害関係を有する」点を重視すれば法的主体を認めてよいとも考えるが、「居住」要件を厳格に解釈する限り法的主体にはなり得ないということになろうか。
49) 高橋譲「〔18〕判批」『最高裁判所判例解説民事篇平成18年度（上）』（法曹会、2009年）447頁参照。ただし、「人格権に位置付けるのは問題」との批判もある（我妻榮・有泉亨・川井健『民法２　債権法〔第３版〕』（勁草書房、2009年）452頁）。
50) 大塚直「保護法益としての人身と人格」ジュリスト1126号（1997年）39頁参照。
51) 大塚直「環境訴訟における保護法益の主観性と公共性・序説」法律時報82巻11号（2010年）122頁。
52) 能見善久「日本私法学会シンポジウム資料・新しい法益と不法行為法の課題・報告１総論」NBL936号（2010年）15頁。
53) 田中英夫編集代表『英米法辞典』（東京大学出版会、2002年）595頁。
54) Clerk & Lindsell, on TORTS 16th ed.（1989）p.1354.'The essence of nuisance is a condition or activity which unduly interfers with the use or enjoyment of land.'
55) Kirsty Horsey and Erika Rackley, Torts Law（2009）p.484.
56) Black's Law Dictionary 9th ed.（2009）p.96.
57) St Helen's Smelting Co v Tipping〔1865〕11H.L.C.642.　原告土地の樹木等の枯死被害事件。
58) Hunter v Canary Wharf Ltd〔1997〕A.C.655;2 WLR 684（1997）.

　　これは、ロンドン・ドックランドの再開発に伴い外装がステンレス製の鋼鉄で覆われた超高層タワービル（オフィスビルで高さ250m、敷地50m平方に及ぶ。）の建設がされ、近隣住宅におけるテレビ受信の被害（本件ではこの被害は居宅において楽しむアメニティの被害とみなされた。）が生じた事件であり、住民690人が原告となりCanary Wharf 会社に対し受信妨害を理由に損害賠償を請求した第１事件及び住民513人が原告となりLondon Docklands Development会社に対し道路工事期間中に生じた粉塵（dust）飛散被害に対する損害賠償を求めた第２事件に分かれる。

　　テレビ受信障害に対しニューサンスが成立するか、私的ニューサンス訴訟の原告は土地に関し排他性を有する占有（権）を持つ者でなければならないかといったことが争点となった。

　　１審女王座部判決は排他性を有する占有者に限ってニューサンスの成立を認めた。しかし、控訴院判決は、「テレビ訴訟」については１審被告の控訴を受け容れ、眺望阻害につき原則として法的保護を認めない古い先例からの類推解釈によってニューサンスの成立を否認する一方、「ダスト訴訟」（ニューサンスの成立自体ついて当事者間に争いはなかった。）では私的ニューサンス訴訟の訴権は排他性を有する占有者に限らず、その者と同居する妻や子供などの居住者にも認められるとする判決を下した。

　　上告審の貴族院判決は、テレビ受信障害による被害は、眺望阻害、通風阻害及び日照妨害等と同様に隣地からの有害な物質等の侵入のない「消極的侵害」に過ぎないとみて、古い先例からの類推解釈によりこれを否認し、かつまた私的ニューサンスは本来土地に対する侵害を本性とする不法行為であり、したがって、土地に関する権利を有する者に限り訴え可能となるとの伝統的な解釈を採用し１審被告らの上告を受け容れる判決を下した。この点では「ダスト訴訟」の１審判決の判断が復活されたことになろう。

これに関して、「今日多くの人々は、おそらく隣接する土地に建物が建築されることによって眺望が阻害され、居宅の居間の採光が妨害される等の理由で苦情を訴える者は"過剰な感受性"(unduly sensitive)を持つ権利主張者に過ぎないとは思わないであろう。」と述べるものがあることに注意したい（cf. Winfield & Jolowicz, TORT 18 th ed. (2010) p.720.)。

59) 貴族院判決におけるLord Goff首席裁判官の説示は、ドイツの連邦通常裁判所の判決が同様の事件において「"negative Immissionen"（negative effects）」を理由に請求を否認したことに言及し、またニューサンスの影響を受ける土地に排他性を有する占有権を持つ者すなわち自由土地保有権者、不動産の賃借人、土地の立ち入り権者（被許可者）にのみ訴権が認められ、これらの者が有する土地に関する権利を妨害する典型的なニューサンスとして、騒音、振動及び悪臭等の積極的な侵害を挙げ、これら積極的な侵害のニューサンスでは第1義的な救済方法は差止命令の裁定であると説示している（op. cit. 2 WLR pp,690, 695, 696.)。
60) op. cit. Horsey and Rackley, pp.486-487.
61) 富井利安「68　国立高層マンション景観侵害事件」淡路剛久ほか編『環境法判例百選』（有斐閣、2004年）162頁。
62) 川島武宜『所有権法の理論』（岩波書店、1966年）65頁。
63) 高橋・前注49) 445頁、同「判批」『最高裁 時の判例Ⅵ』（有斐閣、2010年）167頁。
64) 前田・前注18) 100頁。
65) 大塚・前注51) 125頁。
66) 中野貞一郎ほか編『民事訴訟法講義〔第3版〕』（有斐閣、1995年）134頁以下。
67) 畠山武道「景観保護における裁判の役割と限界」自治実務セミナー 45巻10号（2006年）53頁。
68) 大塚・前注15) 78頁。
69) 加藤一郎『不法行為〔増補版〕』（有斐閣、1974年）215頁。
70) 広中俊雄『債権各論講義〔第6版〕』（有斐閣、1994年）489頁。
71) 不法行為研究会『日本不法行為リステイトメント』（有斐閣、1988年）57頁、椿寿夫ほか編『民法改正を考える』（日本評論社、2008年）345頁〔新美育文〕。
72) 吉村良一「都市における生活環境の保護と私法—公私協働の視点からの検討」立命館法学339・340号（2012年）645頁。
73) 村上武則「景観と差止めに関する覚え書き」近畿大学法科大学院論集6号（2010年）34頁。
74) 四宮・前注7) 478頁。
75) 代表的な文献は、大塚直「生活妨害の差止に関する基礎的考察(7)」法学協会雑誌107巻3号（1986年）150頁、平井宜雄『債権各論Ⅱ不法行為』（弘文堂、1994年）107頁以下など。
76) 澤井・前注10)、四宮・前注7)（以上「二元説（複合構造説）」）、広中・前注47) 19頁以下、原島重義「わが国における権利論の推移」法の科学4号（1976年）54頁以下、吉田克己『現代市民社会と民法学』（日本評論社、1999年）244頁以下（以上「秩序違反説」）。根本尚徳『差止請求権の理論』（有斐閣、2011年）は「違法侵害説」の現代の代表的文献である。

77) 大塚・前注50) 42頁。
78) 斎藤隆編著『〔3訂版〕建築関係訴訟の実務』（新日本法規出版、2011年）249頁〔中山孝雄〕。
79) 国道43号線訴訟上告審判決（最判平成7・7・7民集49巻7号1870頁）についての田中豊「〔30〕判批」『最高裁判所判例解説民事篇平成7年度（下）』（法曹会、1998年）738頁。
80) 我妻・前注21) 144頁。
81) 大塚直「民事責任」判タ918号（1996年）65頁。

第5章　鞆の浦埋立免許差止め訴訟

I　本訴提起に至るまでの経緯

「古代から潮待ちの名港として知られ、万葉の歌に詠まれ、また朝鮮通信使がその美しさを絶賛した鞆の浦は、変化しやすく古い形態を残すものが極めて少ない港湾の中にあって、日本の近世の港を特徴づける雁木、常夜燈、波止場、焚場及び船番所の5点をすべて残したわが国最後の歴史的港湾である。」。この瀬戸内海の風光明媚で自然に弓状に湾曲した半円形の比較的小さな港に埋立計画が持ち上がったのは1983年のことである。その当時広島県が策定した「福山港港湾計画」には、鞆港の埋立面積4.6haが盛り込まれていた。

1990年代になって、地元では鞆港整備・県道建設期成同盟が結成されるなど「推進派」の動きとこれに反対する住民が「鞆を愛する会」「明日の鞆を考える会」などを結成して対抗する動きが発展していった。これに伴い埋立計画も4.6haから2.3haに半減され、さらに福山港地方港湾審議会で約2haへの縮小案が承認されたのは2000年になってからである。

広島県及び福山市が事業主体となる「鞆地区道路港湾整備事業」とは、鞆港を約2haほど埋立て、架橋部分の長さ約180m、幅員14mの県道（鞆地区市街地中心部を横断する古い町並みが残る道路のバイパス機能を果たすとされている。）を設置し、さらに駐車場、小型船だまりなどの公共施設を設置し整備する、というものである。

以前の福山市長のとき、公有水面埋立法（以下「公水法」と略す。）上の保護対象となる慣習排水権を有する一部住民の同意が得られないこともあって、その同意の取得が断念され、計画そのものが一時凍結されたのであるが、現市長

になってから計画推進の方針が打ち出され、県は護岸整備費を予算に盛り込み、県と市による浜での測量調査などが実施されてきた。

　本件訴訟が提訴された前年の2006年5月29日、「歴史的港湾を保存する会」などの3団体は、「世界と全国が注目する鞆の町づくり・鞆港の埋立て架橋問題は住民・市民の納得・幅広い合意によって行うことを求めて羽田市長への公開質問状」を提出した。この質問状とそれに対する「回答」は、後述するⅡの「公水法」及び「瀬戸内法」の解釈適用について重要な参考資料となるものと思われるので、以下その概要を記す。

　まず「質問状」はこうである。「(1)公有水面埋立法の原理・構成および解釈についてどう認識しているのか。法の精神、今日的到達点をどう認識しているのか。また、瀬戸内海環境保全臨時措置法の基本方針についてどう認識しているのか。これらの両法律の関係、とくに自然と社会環境への配慮などについて明確にお答え頂きたい。(2)2003年に三好前市長が排水権利者の全員同意が得られないと説得を断念し、県も事業凍結を表明した経緯があるが、その問題は、その後のほんのわずかな期間にどう改善され、どう具体的にクリアーできたと認識しているのか。併せて、当時の市と県の事業凍結という認識が、その後、今日の認識、すなわち完全同意がなくても事業推進・出願可能との認識・判断に至った根拠について納得できる説明を求めたい。(3)2003年当時、排水権は20件、その内の不同意が3件と説明されているが、現在も同じ認識なのか。排水権の概念、その認識について明らかにされたい。並びに、市が排水権利者と認めている以外にも同意を得なければならない排水権利者が存在しているのではないか、回答を求めたい。また、港に面し、後背地に居住する住民は等しく著しい否定的影響を受けることを厳重に指摘しておきたい。(4)鞆地区道路港湾計画検討委員会とマスタープランに関連して以下の諸点に回答を頂きたい。」（以下省略）。

　同年6月9日に出された福山市長からの上記(1)〜(3)に対応する「回答」は次の通りである。

　「(1)公有水面埋立法は、埋立免許の基準（第4条1項）として国土利用上適正かつ合理的であること、環境保全及び災害防止に十分配慮したものであること

第5章　鞆の浦埋立免許差止め訴訟

などが示されているように、公有水面埋立ての適正を図る法律です。この法律は、大正10年に公布され、以降、出願事項の告示・縦覧の制度化や免許基準の法定化など、埋立てを取り巻く社会・経済・環境の変化に適合すべく改正されたものと認識しております。また、瀬戸内海環境保全特別措置法は、瀬戸内海の環境の保全のための法律であり、その法運用の基本方針として、公有水面の埋立てが認められる場合には、海域環境保全、自然環境保全及び水産資源保全に十分に配慮するよう、瀬戸内海環境保全審議会により答申されております。鞆地区道路港湾整備事業の計画は、福山港港湾審議会で位置づけられた適正かつ合理的な事業であり、鞆地区まちづくりマスタープラン実現のための骨格となるものです。事業については『鞆地区道路港湾景観検討委員会』で景観について配慮され、また、文化財保護審議会の答申を受け一部計画を変更するなど、歴史的文化財や自然景観の保全に十分配慮したものと考えております。また、環境影響評価法に該当する規模の事業ではありませんが、瀬戸内海環境保全特別措置法の運用に関する方針などを踏まえ、自然環境や景観に与える影響を調査し、より一層の環境への配慮や景観との調和を図っていきたいと考えております。(2)公有水面埋立法第4条3項1号の規定により、排水権利者の同意の取得に努めてまいりましたが、2003年当時は、一部にその同意が得られず、説得を一時断念したという経緯があります。しかし、2004年6月『鞆地区道路港湾整備事業の早期実現に関する要望書』として大多数の住民署名が提出され、市としても事業が鞆町のまちづくりに必要不可欠であるという認識から、現在同法第4条3項1号の規定を充足しない場合における同項第2号の『埋立によって生ずる利益の程度が損害の程度を著しく超過するとき』又は同項第3号の『土地を収用又は使用することを得る事業のため必要となるとき』の適用を見据えて、広島県と連携して公有水面埋立て申請の準備を進めているものです。今後とも、事業の円滑な実施のため、より多くの理解と協力が得られるよう努めてまいります。

　(3)排水権とは、法令により公有水面に排水を為す許可を受けた者又は慣習により公有水面に排水を為す者が有している公有水面に排水することのできる権利であると認識しております。(公有水面埋立法第5条)したがって、公有水面

に排水している排水口の数を排水権の数とし、その排水施設の所有者を排水権利者の数としており、排水権の件数などの認識については、2003年当時と変わっておりません。」。

　以上の「回答」について強い疑問を感じた私としては、ちょうどその頃、科学研究費の共同研究の一環として「福山市鞆の浦の埋立・架橋問題—とくに埋立法・瀬戸内法との関連について」という論文を書いた。この論文の主題である「公水法」と瀬戸内海環境保全特別措置法（以下「瀬戸内法」と略す。）の解釈適用の問題は、本件が訴訟になれば、埋立免許処分の適法性如何と違法性の有無という実体法上の判断等にとって重要な基準なり争点となるものと予想されたことなので、以下のⅡにその内容の一部を要約して再説することをお許しいただきたい。

Ⅱ　本件事案と「公水法」及び「瀬戸内法」との関係

　結論を先にいえば、要するに上掲の福山市当局の当該事業計画の法適合性に関する法解釈は極めて楽観的に過ぎ、客観的な法令の解釈・適用に照らして幾重にも及ぶ疑義がある、ということである。

1　公水法の解釈・適用

（1）　公水法第2条は、都道府県知事への埋立免許出願の提出に関し、願書の記載事項を規定している。また、同条第3項は願書の添付図書を明記し、同項第5号に定める「その他命令を以って定める図書」には「環境保全に関し講じる措置を記載した図書」とか「法第4条第3項の権利を有する者がある場合にあっては、その者の同意を得たことを証する書類又は同意が得られない旨及びその事由を記載した書類」などが列記されている（公水法施行規則第3条）。この点を見る限りでは、埋立免許の出願要件としては、「権利者の完全同意」を得ることは必須の要件とはされていないように読める。

（2）　公水法第3条では、「免許前の手続」が定められ、知事は、願書等の提出を受けたら遅滞なくその要領を告示し、関係図書等を3週間公衆縦覧に供

し、この間に市町村長の意見を聴取するとともに、埋立てに利害関係を有する者（埋立て背後地の地域住民も含まれる。）は期間満了までに知事に意見書を提出できる。上述の「環境保全に関し講じる措置を記載した図書」とは「埋立て及び埋立地の用途に関する環境影響評価に関する資料を含む環境保全措置を記載した図書であること」（通達）とされ、「公水法上の環境アセスメント」ともいわれるものである。この手続きは、環境影響評価法及び環境影響評価条例のように対象事業につき規模要件を定めていないので、本件のような2ha程度の比較的小規模の埋立てにも適用される。

（3）1973年に改正される前の公水法第4条の旧規定では、埋立免許は埋立免許権者の自由裁量処分と解され、裁量を制限する基準が曖昧であった。そのもとで、高度成長期に瀬戸内海臨海部などで貴重な海浜環境を破壊する埋立てが次々に認められてきたことを反省し、また、臼杵市風成埋立事件に係る大分地裁判決及び福岡高裁判決が同法4条2項の旧規定「其ノ埋立ニ因リテ生スル利益ノ程度カ損害ノ程度ヲ著シク超過スルトキ」の解釈に踏み込んで工場建設が地域住民の生活環境に及ぼすマイナスの影響等を重く見て埋立免許処分を違法としたこと[3]などの事情を受けて改正されたものである。改正によって、埋立ての許可基準が免許権者の免許行為を厳しく拘束する「羈束裁量」としての性格を付与された。[4]

ただ、今日では自由裁量と法規裁量の二分法は判例・学説で支持されなくなっていて、「一体としての"裁量権の限界"が、裁量権の踰越と濫用の統制として論じられている[5]。」。

現行の公水法第4条1項では、都道府県知事は埋立免許の出願が第1号～第6号の各事項に適合すると認める場合以外は免許を為し得ないと規定されている。「国土利用上適正且合理的ナルコト」（1号）、「其ノ埋立ガ環境保全及災害防止ニ十分配慮セラレタルモノナルコト」（2号）、「埋立地ノ用途ガ土地利用又ハ環境保全ニ関スル国又ハ地方公共団体（港務局ヲ含ム）ノ法律ニ基ク計画ニ違背セザルコト」（3号）、「埋立地ノ用途ニ照シ公共施設ノ配置及規模ガ適正ナルコト」（4号）など（以下省略）である。

しかも、この免許基準の性格については、「法第4条第1項各号の基準は、

これらの基準に適合しないと免許することができない最小限度のものであり、これらの基準のすべてに適合している場合であっても免許の拒否はあり得るので、埋立ての必要性等他の要素も総合的に勘案して慎重に審査を行うこと。」とされ、環境保全の配慮については、「埋立てそのものが水面の消滅、自然海岸線の変更、潮流等の変化、工事中の濁り等に関し、海域環境の保全、自然環境の保全、水産資源の保全等に十分配慮されているかどうかにつき慎重に審査すること。」と通達で注意が喚起されている[6]。

（4）　上掲の福山市長の「回答」では、以上の免許要件の詳細に触れるところがない。

若し仮に、本件の埋立て事業がそのすべての免許基準をクリアーできると考えているのだとしたら、極めて甘い見通しに立っているといわざるを得ない。

一例だけを挙げておこう。唐津港埋立事件に係る佐賀地裁判決は次のように判示している。

「以上のとおり、災害防止につき十分な配慮がなされない結果、埋立地及びその周辺地域において、護岸の破壊、高潮、津波、河川の氾濫等の災害が発生する蓋然性が高いと認められる場合に限り、一定範囲の地域に居住する住民は、埋立免許処分により、生命、身体の安全等を必然的に侵害されるおそれのある者として、右処分の取消しを求める原告適格を有すると解するのが相当である[7]」。

本件では、災害の発生にとどまらず、道路公害の発生も予測され、平穏かつ静穏な生活を享受してきた近隣住民に被害が及ぶおそれがある上に、優れた歴史的・自然的景観に囲まれて潤いある生活を享受してきた住民に景観利益の侵害がもたらされる。この点に関しては、「景観利益」は一定の要件のもとで「法律上保護に値する」との判旨を初めて打ち出した国立景観事件最高裁判決[8]に留意しなければならない。

（5）　公水法第4条3項は、上述した同条第1項の免許基準に加えて次のような規定をおいている。「都道府県知事ハ埋立ニ関スル工事ノ施行区域内ニ於ケル公有水面ニ関シ権利ヲ有スル者アルトキハ第1項ノ規定ニ依ル外左ノ各号ノ一ニ該当スル場合ニ非ザレバ埋立ノ免許ヲ為スコトヲ得ズ」。

この規定は、上掲の福山市長の「回答」の(2)に述べられていることと関連するが、仮に、当該埋立てが公水法第4条1項の免許基準のすべてを満たしている場合であっても、同条第3項の各号（「権利者の同意」(1号)、「埋立てによる利益の程度が損害の程度を著しく超過すること」(2号)、「埋立てが法令により土地の収用等を得る事業のため必要なとき」(3号)）のいずれか1つに該当しなければ免許をしてはならないことを定めたものである。

前述したことからうかがえるように、公水法の構造では上記の(1)号要件につき権利者全員の同意がなくても埋立免許をなすことができるようになっているが、しかし、法運用の実際に当たっては権利者の「完全同意」があることが望ましいことはいうまでもない。そうでないと、一部の権利者の権利の犠牲と受忍のもとで埋立てがなされることになり、不当だからである。国土交通省も本件について「権利者の完全同意が望ましい。」という説明を広島県・福山市に対して繰り返してきた。

さらに問題なのは、(2)号要件を本件に即していかに解釈すべきかということである。鞆の浦は、国際記念物遺跡会議（イコモス）の総会で「埋立・架橋計画の中止を求める決議」が数度出されたように、文化遺産として高い国際的評価を得ている。現に良好な歴史的・文化的・自然的景観を有する鞆地区は福山市のみならず広島県が誇るべき貴重な公共財であるから、これを保全することの利益は測り知れない。

裏を返せば、これを失うことの損害の程度も測り知れない。一方で、経済性・交通の利便性を優先し、国、地方ともに財政状況が極度に悪化している現状において、市民・県民の巨額な税金を注ぎ込む本件のような大規模公共事業を推し進め、そこから得られる利益とは一体いかなるものであろうか。そもそも、質の異なる利益を公正に比較衡量することは極めて困難である。

要するに、埋立てによって得られる利益の程度が損害の程度を著しく超過するとは決して自明のことではない。「生活道路の利便性の向上」ということであれば、他の代替案を真摯に検討すべきである。

2　瀬戸内法の解釈・適用

（1）　瀬戸内法第13条１項が定める関係府県知事の埋立免許に当たっての「瀬戸内海の特殊性の配慮規定」を受けて、その「規定の運用に関する基本方針」の１では、「次の各項目毎に十分に配慮されたものであることを確認すること。」とされ、１の(2)(イ)は「埋立て、埋立地の用途及び埋立工事による自然環境（生物生態系、自然景観及び文化財を含む。）への影響の度合いが軽微であること。」と規定している。その２では、「次の(1)に示す区域での埋立ては極力さけ、(2)に示す区域での埋立てはこれに準じて十分配慮すること。」とされていて、２(1)(ホ)は「文化財保護法による史跡名勝天然記念物に指定された地域（その周辺を含む）」と定める。その３では、「次の海域については、次に示している留意事項に適合しない埋立てはできるだけさけるように配慮すること。」と定める。その「留意事項」とは、「公害防止・環境保全に資するもの、水質汚濁防止法による特定施設を設置しないもの又は、汚濁負荷量の小さいもの。」である。また「次の海域」には「水島灘」が含まれ、この水島灘とは、「岡山県倉敷市下津井西ノ鼻突端から広島県阿伏兎灯台に至る陸岸の地先海域」と明示されていて、福山港鞆の浦は、この区域に含まれるのであるから、埋立免許権者は原則として「埋立てはできるだけさけるように配慮する」義務がある地域に属する。

（2）　瀬戸内法の埋立て規制の法的性格については、以下の愛媛県今治市織田が浜埋立差止め住民訴訟事件における高松高裁の判決の判旨が参考となるのでこれを引用する。

「埋立てについての規定の運用に関する基本方針」の「その趣旨・目的は、当時の瀬戸内海の状況及び立法経緯等に鑑みると、基本方針が、単に瀬戸内法13条１項の一般的な運用指針ないし関係官庁等に対する努力目標として策定されたものではなくして、瀬戸内海の特殊性につき厳密な考慮を課するべく、基本方針の定める配慮事項は当該埋立の免許又は承認を与える場合の具体的な審査基準となることを宣明しようとしているものであり、したがって、そこには一般的な自由裁量の余地はないものと解される。」「埋立免許権者は、当該埋立について、『度合いが軽微』又は『影響が軽微』であることに覊束され、こ

れらの確認をする義務を負い、その軽微であるか否かは字義に照らし一般的な経験則に基づき客観的に判断されるべく、本件埋立の必要性ないし公共性の多寡によって結論が左右されるものではない。」。

Ⅲ　埋立免許仮差止め訴訟広島地裁決定

　2007年4月24日、広島県・福山市が埋立免許の出願を着々と準備する状況に対して、地元の住民163名が原告となり広島県を被告として、行政事件訴訟法（以下「行訴法」と略す。）37条の4に基づき「差止めの訴え」を広島地裁に提起した。提訴の翌月、広島県・福山市は免許権者広島県知事に埋立免許の申請を行った。これで「着工に向けて大きく踏み出した。」と報じられた。

　同年9月26日、本件差止め訴訟原告団は、埋立免許手続きが進められる緊迫感がある中で緊急の必要があるということで、「仮の差止め」（行訴法37条の5第2項）の申立てを行った。この申立人は上記原告と同じであり、相手方も同様に広島県である。

　2008年2月29日、本訴の審理が進む中で、仮の差止め申立事件の広島地裁決定[11]が出された。行訴法37条の5第2項は、「その差止めの訴えに係る処分又は裁決がされることにより生ずる償うことができない損害を避けるため緊急の必要があり、かつ、本案について理由があるとみえるときは」仮の差止めを命じることができると規定している。

　これらの訴訟で被告・相手方は、訴訟要件に係る原告適格（当事者適格）を争い、公水法上の慣習排水権者で同意を得ていないものは20件（軒）のうち3件に過ぎず、その他の者はそもそも原告適格がないなどと主張した。これに対して、原告・申立人は、自己の排水管を有し海に直接排水している者に限らず、その排水管に許諾を得て自己の排水管を接続させてもらい間接的に排水している者なども排水権者とみなすべきと主張した。

　広島地裁の決定は、申立人らの主張をほぼそのまま採用し、間接排水者も「排水権者」に当たり「法律上の利益を有する者」に相当する、というものであった。

本決定で高く評価できることは、住民らが詳細に、かつ力を込めて主張した景観の保護について、国立景観事件の最高裁判決の判旨を引用した上で、公水法3条及び4条1項第3号、瀬戸内法3条及び13条などを明示して、それらを根拠として「歴史的町並みゾーン」（約590ha）内の居住者については4名を除いて「景観利益を有する」ものとして当事者適格を認めたことである。[12]

すなわち、「本件埋立ての施工内容が上記認定のとおりのものであり、これにより申立人らの上記イの景観利益が大きく侵害され、本件埋立てが施工されればこれを原状に回復することはおよそ困難であることを併せ考慮すると、この景観に近接する地域内の居住者、具体的にいえば、少なくとも申立人らが指摘する歴史的町並みゾーン内の居住者は、法的保護に値する景観利益を有するものとして、本件埋立免許について行訴法37条の4第3項にいう法律上の利益を有するというべきである。」。

「景観利益については、本件埋立てが着工されれば、焚場の埋立てなどが行われ、直ちに鞆の浦及びその周辺の景観が害され、しかも、いったん害された景観を原状に回復することは著しく困難であるといえる。」。

上記判旨からうかがえることは、排水権の侵害は別として、景観利益の侵害は、「償うことのできない損害」であるとは明示していないものの、それは実質的には「償うことができない損害」に相当すると解釈していることである。

しかし、本決定は、以下の理由で仮の差止めを命じる「高度の緊急性」はないと判断し申立てを却下した。

「本件の本案である差止訴訟は、既に当裁判所に係属し、弁論期日が重ねられ、景観利益に関する当事者の主張及び書証による立証はほぼ尽くされていることを併せ考慮すると、景観利益を法律上の利益とする申立人らは、本件埋立免許がなされた場合、直ちに差止訴訟を取消訴訟に変更し、それと同時に執行停止の申立てをし、本件埋立てが着工される前に執行停止の申立てに対する許否の決定を受けることが十分可能であるといえる。したがって、景観利益を法律上の利益とする申立人らの本件申立てについても、上記の緊急の必要性があるとはいえない。」。[13]

以上の決定は、裁判官の心証形成において既に本案の内容に踏み込むような

第5章　鞆の浦埋立免許差止め訴訟

優れたものであって、原告・弁護団は「中身では勝訴」と受け止めてあえて抗告はしなかった。

Ⅳ　埋立免許の差止めを認めた広島地裁判決の意義

1　国土交通大臣の言明

　2008年6月下旬、広島県知事は国土交通大臣の認可を受けるべく申請を行った。同年10月頃には「今月中にも国の認可が得られる」との期待があったようである。同年10月16日、原告・被告側同行のもとで広島地裁の能勢顯男裁判長ら3人による初めての現地視察が行われた。[14]

　ところが、同10月24日閣議後の会見で、金子一義（当時）国土交通大臣は鞆の浦の問題に触れて一般論としながらも「風光明媚な場所は避けたほうがいい」と述べたと新聞報道された。さらに、2009年1月30日、金子大臣は閣議後の会見で「計画への国民的な同意の必要性を強調し、28日に計画の早期認可を求めて訪れた羽田晧市長に、反対派との対話を進めない限り認可は難しい、との考えを伝えたことをあきらかにした。」[15][16]

　これに対して、羽田市長は不快感を表明し、認可申請の段階で計画の見直しは考えられないと反論し、これに応じて金子大臣は「思いが理解されなかったのは残念だ。それでは物事が進まなくなる」と懸念を表明した上、広島県の調整に期待したい、と述べたと報じられている。なお、2009年6月1日（景観の日）、「日本の景観とまちづくりを考える全国大会」において、第4回「住まいのまちなみコンクール」最優秀賞が京都市西京区大原野竹の里タウンハウス管理組合に授与された。その授与式の挨拶の中で金子国土交通大臣は「いま問題になっている広島県福山市の鞆の浦景観破壊は、絶対反対である」と言及されたという。[17][18]

　この国土交通省当局の厳しい対応は意外に感じられた。かつて瀬戸内海の大規模埋立ての事案でこのように認可が保留されたケースを殆ど聞かないからである。景観法を所管する官庁が景観破壊に手を貸すわけにはいかないということかもしれないが、鞆の浦の景観の価値を高く評価する国内外の世論の高揚が

後押ししたものといえよう。

　国交省が広島県等に対して排水権者の同意について「完全同意が望ましい」と述べてきたことは前述したが、それに加えて、同省が広島県等に対して示したとされる「埋立てによって失われる権利者の利益とは、権利者が有する直接の権利利益の他に、景観的価値や環境の保全等の価値といった公共の利益も含まれると解される」との回答との関係では、鞆の浦の景観の価値を正面から認めた広島地裁の決定が規定的な意味を持つに至ったという事情が挙げられよう。

　2009年2月12日、埋立免許差止め訴訟が結審した。閉廷後の記者会見で、水野武夫原告弁護団長は「埋め立て架橋により失う利益よりも得られる利益が大きいことを客観的に示せないまま、この問題は行政レベルでは閉塞状態にある。これを打破し、計画をやめるべきだと言うのは司法の役割」と述べ、大井幹雄原告団長は「行政が今までの手法を変えなかったので、それに対する抵抗だった。完全に潮目が変わってきた。鞆の浦は長い歴史の中で奇跡の連続を味わってきている。判決は出ていないが、その一つが現れるような気がしてならない」と期待を表明した。[19]

2　広島地裁判決の意義

　2009年10月1日、広島地裁は鞆の浦の埋立て免許の差止めを命ずる画期的な判決を下した。[20]

　当日研究室にいた私は、共同通信大阪支社の記者から「差止めを命じる判決」の第1報が入っていささかびっくりした。6頁にわたる「判決骨子」が送られてきて見解を求められたので、急いで次のような一文を書いた。

　「本判決は、鞆の浦の景観の客観的価値と公共性を正面から認めた画期的なものである。景観の権利性は、私法（民法）と埋立法、瀬戸内法等に根拠を有するものとされ、鞆町の居住者に景観利益が認められるとした点は国立事件の先例に従ったものである。本件埋立免許がなされると景観利益に重大な損害が生ずるおそれがあり、これを避けるために他に適当な方法があるともいえないと述べる判旨も明解で優れた法解釈である。本案の中身に触れて、鞆の景観の価値は文化的、歴史的価値を有し、『国民の財産ともいうべき公益』と説示し

たことは先例の判旨を超える意義を持つ。本判決は、景観侵害の重大性を理由に公共事業を事前に差し止めた初めての判断であって、今後に与えるインパクトはきわめて大きい。」。

翌日の新聞各紙は公共事業につき差止めを命じる衝撃的な判決について「鞆の浦埋め立て差し止め」などの見出しで大きく報道しており、鞆の浦がかくも社会的に注目されていたのかと改めて感動し、マスコミの威力の凄さも感じた。

行訴法37条の4第1項は「差止めの訴えは、一定の処分又は裁決がされることにより重大な損害が生ずるおそれがある場合に限り、提起することができる。ただし、その損害を避けるため他に適当な方法があるときは、この限りでない。」と定める。

本件の差止訴訟の訴訟要件の1つとして、法文上明示して要求されてはいないし本件の本案前の争点になってはいないが、一定の処分又は裁決がされる「蓋然性または確実性」が必要である。[21] 本件では、前述したように、国土交通省の認可の保留という厳しい態度が堅持される限り、この要件を充足しないのではないかとの若干の懸念がなかったわけではない。しかし、埋立てに向けて予算措置が講じられるなどの既成事実があり、事業主体の福山市の埋立て出願については認可不要ということもあり、「認可の保留」は「認可の拒否」ではないので、やはり処分の蓋然性があるということなのであろう。

本件の本案前の争点の(1)は、行訴法37条の4第3項所定の「法律上の利益」の有無、争点(2)は、同条の4第1項本文所定の「重大な損害を生ずるおそれ」及び同項ただし書所定の「適当な方法」の有無であり、本案の争点は、行訴法37条の4第5項所定の「明らかな法令違背及び裁量権の逸脱又は濫用」の有無である。

争点(1)のうち、慣習排水権については、同じ裁判長のもとでの判断ではあるが、本判決は、上述した広島地裁の決定とは異なり排水権者を制限する判断を示した。すなわち「公有水面について通則法上の慣習による排水権を取得したというためには、長期間にわたり反復継続して当該公有水面に排水をし、かつ、その排水について当該公有水面の管理権限者や漁業権等の権利者の黙示の承認を受けるなどにより社会的承認が得られることが必要であり、かつ、それ

で足りると解される。そして、社会的承認の性質に照らせば、当該排水行為について社会的承認が得られているというためには、その排水の事実が客観的に表現されたものであることを要すると解せられる。このような見地から考えると、排水施設を自ら設置、管理して行う排水が客観的に表現されたものであることは明らかであるが、客観的に表現されたものというためには必ずこのような排水であることを要するとはいえず、他人の所有する排水施設を使用して排水を行っている者であっても、その排水行為が、長期間にわたり反復継続して行われ、かつ、客観的に表現されたもので社会的承認が得られていると認められる場合には、当該排水者は慣習排水権者に当たるといえる。」。この「客観的表現」説に従い、4名の原告につき排水権が認められたに過ぎない。

次に、本判決は、景観利益を有する者については、公水法3条、同4条1項3号、瀬戸内法13条1項、同3条1項などを明示して、先の広島地裁の決定より範囲を広げ鞆町に居住していない原告を除き140名ほどの原告に景観利益を認め、行訴法所定の「法律上の利益を有する者」と認定した。

本判決のこの結論に至る論理構成では、まず、「本件埋立免許の根拠法令たる公水法及びこれと目的を共通にするその関係法令の定めのうち、景観利益に関連する規定の要旨」につきほぼ原告らの主張に沿った認定を行っている。

その上で、「以上の関係法令及び関連事実を基に、原告らの景観利益を根拠とする行訴法所定の法律上の利益の有無について判断する。」との立場をとり、続いて、国立景観事件の最高裁判決の判旨を引用した後以下のように説示している。

「上記関連事実において認定のとおり、鞆港からは、瀬戸内海の穏やかな海とそれに浮かぶ島々を眺望でき、これと港自体の風景、すなわち、弓状になった海岸線、海に突き出た波止、岸壁に設置された雁木、港中央に佇立する常夜燈、高台にある船番所跡と、上記関連事実として認定した古い町並みや歴史的な出来事にゆかりのある建造物等が相俟って、全体として美しい風景を形成している。……上記風景は、美しい景観としての価値にとどまらず、全体として、歴史的、文化的価値をも有するものといえる。……そして、この鞆の景観がこれに近接する地域に住む人々の豊かな生活環境を構成していることは明らかで

あるから、このような客観的な価値を有する良好な鞆の景観に近接する地域内に居住し、その恵沢を日常的に享受している者の景観利益は、私法上の法律関係において、法律上保護に値するものというべきである。」。そして、「被告のこの点に関する主張は、鞆の景観についての評価を誤った浅薄なもの」とまで述べて厳しく批判している。

争点(2)の「重大な損害を生ずるおそれ」の有無について、本判決はまず、次のように確認している。

「同条の差止訴訟が、処分又は裁決がなされた後に当該処分等の取消しの訴えを提起し、当該処分等につき執行停止を受けたとしても、それだけでは十分な権利利益の救済が得られない場合において、事前の救済方法として、国民の権利利益の実効的な救済を図ることを目的とした訴訟類型であることからすれば、処分等の取消しの訴えを提起し、当該処分等につき執行停止を受けることで権利利益の救済が得られるような性質の損害であれば、そのような損害は同条1項の『重大な損害』とはいえないと解すべきである。」。

以上の解釈は学説の通説に従ったものである。その上で、本判決は、慣習排水権については「重大な損害を生ずるおそれ」は認められないとする一方、景観利益については、次のように注目すべき判断を示した。

「本件埋立免許がなされた後、取消しの訴えを提起した上で執行停止の申立てをしたとしても、直ちに執行停止の判断がなされるとは考え難い。以上の点からすれば、景観利益に関する損害については、処分の取消しの訴えを提起し、執行停止を受けることによっても、その救済を図ることが困難な損害であるといえる。」「景観利益は、一度損なわれたならば、金銭賠償によって回復することは困難な性質のものであることなどを総合考慮すれば、景観利益については、本件埋立免許がされることにより重大な損害を生ずるおそれがあるものと認めるのが相当である。」。

以上の判旨の前半部分は、一見すると仮差止め訴訟広島地裁の決定とは異なる判断ではあるが、本訴では原告の主張を汲んで修正したものであり極めて正当な判断として是認できる。

問題は、行訴法37条の4第1項ただし書きの「補充性の要件」(「その損害を

避けるため他に適当な方法がある」ときは差止めの訴えは不適法となるが、「他に適当な方法がない」ときは適法となる。）の充足に関してである。

この要件事実の証明責任は被告側にある。この点に関しては、「損害の重大性の要件が満たされるというのは、事後的な救済方法によったのでは適切な救済が得られない場合にほかならないから、損害の重大性の要件を満たす場合には、補充性の要件を満たすのが通常であると考えられる。[23]」との学説の見解が示されているほか、「その損害を避けるため他に適当な方法がある」とは、「救済の必要性が認められない例外的な場合[24]」とされている。

原告も、これらの学説に沿って「補充性の要件が認められるのは、その処分の取消訴訟を提起すれば当然に後続する差止めを求める処分をすることができないと法令上定められている場合（国税徴収法90条3項等）に限定されると解すべきである。取消訴訟及び執行停止によって救済されるという理由で、補充性の要件を充足しないとすべきではない。」と主張していたが、本判決は、この点に関する限り、あっさりと景観利益に関する損害の性質に照らせば「損害を避けるため他に適当な方法がある」とはいえない、と述べるだけで被告の言い分を退けている。

以下、本案の争点に関する本判決の判断を見ていく。

本判決は、「明らかな法令違背等の有無」についての「法令」として、公水法では専らその第4条1項1号の「国土利用上適正且合理的」であることの要件該当性だけを取り上げて検討している。本件では、それで十分であってそれ以外の同条1項2号ないし3号要件については触れるまでもないとの判断があるのであろう。

国土利用上適正且合理的か否かの判断基準とされているのが瀬戸内法の諸規定である。本判決は、瀬戸内法13条1項、同3条1項、同4条を明示した上で、こう判示している。「法令は、前記の景観利益として判示した文化的、歴史的価値のある鞆の景観をできるだけ良好な状態で保全することを、国土利用上の行政目的としているものと解される。したがって、広島県知事は、本件埋立が『国土利用上適正且合理的』であるか否かを判断するに当たっては、本件埋立及びこれに伴う架橋を含む本件事業が鞆の景観に及ぼす影響と、本件埋立及び

これに伴う架橋を含む本件事業の必要性及び公共性の高さとを比較衡量の上、瀬戸内海の良好な景観をできるだけ保全するという瀬戸内法の趣旨を踏まえつつ、合理的に判断すべきであり、その判断が不合理であるといえる場合には、本件埋立免許をすることは、裁量権を逸脱した違法な行為に当たるというべきである。」。

本判決は、この判旨に照らして以下では、「鞆地区道路港湾景観検討委員会」が示す景観保全対策に触れた後、「本件事業が鞆の景観に及ぼす影響並びに広島県知事の裁量権の範囲」という見出しのもとで次のように説示した。

「本件埋立により、鞆港内に位置する公有水面約1万9000平方メートルが埋め立てられ、本件湾内にこの広さの土地が出現し、同埋立地は、駐車場用地、道路用地、フェリーふ頭用地、小型船だまり用地等として使用される上、同土地上には、フェリー上屋等の建物又は構築物が建設される。また、本件埋立により、焚場跡の少なくとも約2割は、埋立地の土中に埋められることになる。さらに、本件事業により、鞆港の湾の東（福山鞆線が本件湾に到達する付近）から西（本件埋立地の東端部分）にかけて橋梁が設置される。その橋台部の高さは基準水面から5.81メートル、橋梁の長さは約179メートルであり、その8箇所に橋脚が設置される。同橋梁には幅14メートルの道路が建設され、これを自動車が走行することになる。

上記の施工内容や予定されている利用状況に照らせば、上記橋梁等により鞆の景観における眺望が遮られることはもちろん、上記の埋立地、橋梁及び橋脚等の構築物が本件湾内に出現し、これによって建設された本件道路には自動車が走行することにより、鞆の景観は大きく様変わりし、その全体としての美しさが損なわれるのはもちろん、それが醸し出す文化的、歴史的価値もまた大きく低減するものと認められる。上記2認定の事業者らが予定している対策が講じられたとしても、鞆の景観の価値が上記のようなものであることにかんがみれば、このような対策は上記景観侵害を補てんするものとはなり得ない。

鞆の景観の価値は、景観利益が法律上の利益といえるか否かの点の判断において説示したところや上記1に摘示した法令に照らし、私法上保護されるべき利益であるだけでなく、瀬戸内海における美的景観を構成するものとして、ま

た、文化的、歴史的価値を有する景観として、いわば国民の財産ともいうべき公益である。しかも、本件事業が完成した後にこれを復元することはまず不可能となる性質のものである。これらの点にかんがみれば、本件埋立及びこれに伴う架橋を含む本件事業が鞆の景観に及ぼす影響は、決して軽視できない重大なものであり、瀬戸内法等が公益として保護しようとしている景観を侵害するものといえるから、これについての政策判断は慎重になされるべきであり、その拠り所として調査及び検討が不十分なものであったり、その判断内容が不合理なものである場合には、本件埋立免許は、合理性を欠くものとして、行訴法37条の4第5項にいう裁量権の範囲を超えた場合に当たるというべきである。」。

　以上の判旨は、おそらく歴史に残る名判決として先例としての価値を有するものとなろう。国立事件の最高裁判決が明確に否定した「景観権」を実質的には認めたも同然といえるものであり、その判決を遥かに超える意義を有する。

　本判決の構成では、これに続いて、被告側が主張立証に全力を注いだ「本件埋立及びこれに伴う架橋を含む本件事業の必要性及び公共性」について、(1)道路整備効果、(2)駐車場の整備、(3)小型船だまりの整備、(4)フェリーふ頭、(5)防災整備、(6)下水道整備の順に逐一綿密な考察検討を加えている。

　結論としては、それらの政策判断の拠り所とした調査及び検討が不十分なものであったり、本件事業に一定の必要性、合理性は認められたとしても、それのみによって本件埋立てそれ自体の必要性を肯定することの合理性を欠くものと認定した上で、本件埋立免許を行うことは「裁量権の範囲を超えた場合に当たる」と判示し、被告側に厳しい問題提起を突き付けたものとなっている。

　上記のうち、道路整備効果については、原告側は、代替案として「山側トンネル案」の方が合理的、経済的と主張し、被告側の「埋立架橋案」と対立し、その両者の比較検討が大きな争点ともなってきたので、この点に係る本判決の要点のみを以下に摘示しておく。

　拡幅等工事未了区間（鞆町の中心部古い街並みが残る所を東西に走る現道路のこと。）の交通混雑解消という効果の点においては、埋立架橋案と山側トンネル案とで有意な差異を生じない可能性が高いこと、山側トンネル案でも、拡幅等

第5章　鞆の浦埋立免許差止め訴訟

工事未了区間の交通混雑解消という効果は十分見込まれるものと推認されること、「交通混雑解消という効果との関係で埋立架橋案と山側トンネル案との比較（この指標は、両案の優劣を検討するに際し、最も重要な指標といえる。）を的確に行うためには、12時間又は24時間の交通流動の調査にとどまらず、時間帯ごとの交通流動を把握するための調査を行い、時間帯ごとに、本件計画道路やトンネルルートへ転換する交通、拡幅等工事未了区間に残る交通を推計するなどして、混雑状況が両案でどの程度改善するのかを検討する必要があるといえる。」が、この点の調査、検討もなされていないなどが指摘されている。

以上で本判決の検討を終えるが、なお以下に多少のことを記しておきたい。

本判決に接して改めて、公共事業に事実上待ったをかけた思い切った判決だという感想を持つ。しかも、景観の保護という新しい課題に裁判官として果敢な問題提起をしようとした意図が随所にうかがわれる。差止めの訴えという新しい訴訟類型については難しい問題が予想されたにもかかわらず、本判決の法理論の拠り所は決して斬新ということではなく、実に堅実で学説の通説に忠実であるとさえ感じられる。この判決に対して控訴しても高裁で覆されることはないのではないかとさえ思われる。

にもかかわらず、広島県は控訴し、争う姿勢を崩していない。ただし、新しく広島県知事に就任した湯崎英彦氏は、埋立架橋計画を事実上白紙に戻して、推進派と反対派に分かれてきた住民どうしの話し合いの場を設けるなどして解決の糸口を見出したいとの意向を表明し、「鞆地区地域振興住民協議会」を設置した。この協議会には埋立賛成派・反対派各6名ほどが入り、第三者仲介者として2名の弁護士が務め、2人の学識経験者がアドバイザーを務めるとされている。2010年5月15日に第1回の協議会が開かれた際には知事も出席したようである。

本判決の意義についてもう一言しておきたい。以前から論者により景観の法的保護に当たっては公法と私法の協働が必要と述べられてきた[25]ことを本判決は見事に体現している。これに注目した学者の小論も出されている[26]。ただし、そこでは、「客観的景観価値」に照らし鞆町外の住民の原告適格が否定されたことに疑問が提示されている。

113

私も、鞆町には住んでいないが福山市に居住しボランティアとして鞆の景観の保全活動に取り組んできた者などにも原告適格が認められてよいと考えるが、「客観的な価値の侵害に密接な利害関係を有する者」に景観利益を認めた国立景観事件の最高裁判決の判旨との関係では、本判決は地域として鞆町内に居住する者に限定して景観利益を認めるという解釈を示したものと受け止めるほかない。

　本判決は、行政事件とはいえ、公共財としての良好な景観の破壊について「重大な損害」「景観侵害」について論及し、金銭賠償などでは回復不可能な非代替性の価値を重視している。景観侵害は客観的形象としての景観の破壊・集合的利益の侵害・個別的利益の侵害のいわば「三層の侵害」ともなるが、これまでの民事事件における累次の判決はこのうち住民の個別的利益・人格的利益にのみ着目し、これは未だ「弱い人格的利益」でしかないと軽く見る傾向があるけれども[27]、本判決はそうではない。

　本判決によって、改めて景観の価値とは何か、景観侵害の重大性とは何か、景観侵害における損害あるいは具体的な被害とはどのようなものなのか等々の問題・課題を追究するための良いきっかけが提供されたと考えている。

　以下、その後の近況に触れておく。

　上掲の「鞆地区地域振興住民協議会」の位置づけでは、広島県が主催者となるが、協議会はあくまでも「住民同士の話し合いの場」とされ、仲介者は中立的な第三者として議事進行役を担い、広島県及び福山市の関係者は「傍聴」し、県は事務局機能を担当し仲介者の求めに応じて技術的な説明をする、ということである。

　協議会は1年8か月にわたり19回開かれた。最終回の前には「住民説明会」が開かれ、これを踏まえて2012年2月、仲介者から知事に「鞆地区地域振興住民協議会の取りまとめ結果報告書」(「添付資料」として別紙1～別紙4が付されている。)が出された。

　別紙では、「共通している認識や意見のポイント」として8項目が示され、その内には「バイパスの有用性への理解」「景観への配慮」「駐車場の確保」「下水道の整備」「港湾機能の確保」「防災対策が必要」等々が挙げられ、当面の急

第5章　鞆の浦埋立免許差止め訴訟

を要する交通対策として車の「離合場所の設置と緊急車両の小型化」などが挙げられている。

　その後に県と市の協議が重ねられ、2012年6月、知事・市長会談での「架橋撤回の表明」に至ったものである。この知事の決断に対して、福山市長は「『容認できない』と不快感を示す一方、『速やかに地元住民への説明責任を果たしてほしい。凍結を一番恐れている』と述べたほか、記者会見では「容認ではないが受忍せざるを得ない」と事実上受け入れを表明した[28]。

　知事の結論の裏には「湾内の景観を大事にしたいという方々が無視できるほど少数ではない」という思いがあったようである[29]。

　このような結論が得られたのは、知事提案の「協議会」の結果を踏まえてのことであろうから、その協議会方式が一定成果をあげたということであろう。

　ただし、その後に、広島県が以前進めてきた埋立免許の申請及び国交省への認可申請を取り下げ、また広島高裁への控訴を取り下げたという事実は現時点（本稿執筆時）ではない。したがって、「県は近く、埋め立て免許申請を取り下げる予定でいる。」[30]あるいは「……控訴を取り下げた。」[31]といったことが報道されているが、これは事実誤認である。

　広島県は、これはこれで裁判はまた別、という立場を採っている。ただ、広島高裁での「進行協議」は進んでいない。

　埋立・架橋の撤回表明後の近況では、広島県としては特に埋立・架橋を推進してきた地元住民に対して撤回の理由や今後のまちづくりのあり方等を説明し理解を得る努力を行っている。その理解が得られしだい、免許申請等を取り下げるということになるのであろうか。

　広島県は、平成26年度の予算で鞆のまちづくりをめぐって、交通処理、防災対策、まちづくり基金のあり方を検討するための調査費3050万円を計上した。知事として町民全体を対象に説明会を開く意向とも伝えられているが、福山市長は「知事と架橋賛成派団体との3度の懇談は折り合う気配がまったくなく、説明会を開く環境にない。知事自らの言葉で鞆への熱い思いを語り、機運を醸成することが前提」[32]と述べたという。

　湯崎知事をはじめ関係者の多大なご努力に敬意を表しつつ、本件が字義通り

解決に向かうよう願っている。

1) 2007（平成19）年4月24日広島地裁に提起された「鞆の浦の世界遺産登録を実現する生活・歴史・景観保全訴訟（略称：鞆の浦世界遺産訴訟）」の訴状3頁より引用。
2) 平成15年度〜平成18年度科学研究費補助金基盤研究（B）（1）『瀬戸内海の環境保全と管理法制に関する法的研究』（研究代表者・横山信二愛媛大学教授（当時・現広島大学教授）報告書（2007年3月））68頁。私はこれを住民の方に提供した。
3) 大分地判昭和46・7・20判時638号36頁及び福岡高判昭和48・10・19判時718号9頁。
4) 伊藤和子「公有水面埋立法の沿革」成田頼明・西谷剛編『海と川をめぐる法律問題』（良書普及会、1996年）57頁。
5) 金子宏ほか編集代表『法律学小辞典〔第4版〕』（有斐閣、2005年）448頁。
6) 以上、運輸省港湾局埋立研究会編『公有水面埋立実務便覧〔全訂版〕』（日本港湾協会、1997年）29頁以下参照。
7) 佐賀地判平成10・3・20判時1683号81頁。
8) 最判平成18・3・30判時1931号3頁など。
9) 瀬戸内法第3条では「瀬戸内海が、わが国のみならず世界においても比類のない美しさを誇る景勝地」と明記されていることから、同法の保護法益に「景観」が含まれることは明らかであり、しかも、同法上の法定計画たる政府の「瀬戸内海環境保全基本計画」及び「瀬戸内海の環境の保全に関する府県計画」においても、水質保全と自然景観の保全が最重要の施策として掲げられている。「広島県計画」でも、「自然景観と一体をなしている史跡、名勝、天然記念物等の文化財が適正に保全されていること。」などが目標とされていることが留意されるべきである。
10) 高松高判平成6・6・24判タ851号80頁。
11) 広島地決平成20・2・29判時2045号98頁。富井利安「〔1405〕鞆の浦埋立免許付与処分の仮差止申立事件」谷口知平編集代表『判例公害法』（新日本法規出版、1971年）追録第176・177合併号（2010年）「コラム」9200ノ93頁及び「評釈」9200ノ147頁参照。
12) 朝日新聞記事2008年3月4日では、排水権を認められた者98人、景観利益を認められた者63人とされている。本件訴訟の原告側訴訟代理人を務めた日置雅晴「鞆の世界遺産訴訟の経過と展望」五十嵐敬喜・西村幸夫編著『私たちの世界遺産2　地域価値の普遍性とは』（公人の友社、2008年）80頁では、排水権者と認定された者は51名とされている。どちらが正確なのか決定文を読むだけでは判然としない。
13) この「高度の緊急性」要件に関連しては、以下の事情も考慮されているのではないかと思われる。つまり、本件埋立ての出願では本件公有水面のうち約1万3380㎡を広島県が、残りの約6120㎡を福山市が施工し、広島県の出願部分については埋立免許に先立ち国土交通大臣の認可が必要となる（公水法47条1項、同法施行令32条1号本文）が、福山市の分については認可を得る必要はない。広島県としては認可が得られしだい福山市の分と合わせ一括して免許するとの方針をとっている。
14) 朝日新聞記事2008年10月7日は、アニメ映画「崖の上のポニョ」の舞台とされた鞆の浦の保護論争ヤマ場と大きく報じ、「推進側　今月中にも国認可か」との見出しで扱っている。

15) 毎日新聞と中国新聞2008年10月25日はこのことを小さい記事で記している。
16) 中国新聞2009年1月31日。
17) 中国新聞及び朝日新聞2009年2月4日など参照。
18) 「洛西ニュータウン竹の里地域まちなみを守る会」ニュース第20号（2009年）より。
19) 以上、朝日新聞2009年2月13日。
20) 広島地判平成21・10・1判時2060号3頁。本判決「原本」は別紙も含めて230頁にも上る大部なものである。
21) 室井力ほか編『行政事件訴訟法・国家賠償法〔第2版〕』（日本評論社、2006年）413頁。
22) 小林久起『行政事件訴訟法』（商事法務、2006年）189頁、福井秀夫ほか共著『新行政事件訴訟法——逐条解説とQ&A』（新日本法規出版、2004年）155頁、南博方・高橋滋編『条解行政事件訴訟法〔第3版〕』（弘文堂、2006年）634頁。
23) 南ほか・上掲635頁。
24) 以上、小林・前注22）191頁。
25) 最新の参照文献として、吉田克己編著『環境秩序と公私協働』（北海道大学出版会、2011年）が挙げられる。
26) 北村喜宣「景観利益をめぐる私法と公法」産業と環境446号（2011年）36頁。
27) 富井利安「景観利益判決を超える地平」修道法学32巻2号（2010年）57頁以下参照。
28) 以上、中国新聞2012年6月26日1面等参照。
29) 2013年10月8日の知事記者会見での返答。広島県ホームページ参照。
30) 前注28）中国新聞及び朝日新聞2012年6月26日参照。
31) 毎日新聞（大阪）2012年11月1日。
32) 以上、中国新聞2014年2月19日。

第6章　景観利益判決の射程

　本章以下では、国立景観訴訟において言い渡された最高裁判決をほかの判決と区別するため「景観利益判決」または「平成18年判決」と称する。

　それが最高裁の先例であるだけに、その判決以降これを引照する下級審の判決・決定は民事事件、行政事件を問わず着実に増えてきている。

　問題は、それら幾多の司法判断が第4章で指摘した景観利益判決の持つ意義を十分に理解した上で、その解釈適用を適切に行っているといえるであろうかということである。

　平成18年判決以降の司法判断においては、一部を除いてその判決の判示事項をなるべく制限的に解釈し、その判決の持つ影響力をできるだけ抑制しようとする傾向が強く現れている。それは、1つには平成18年判決の法解釈の不分明さに起因するものといえようが、もう1つにはその判決の効力及び妥当範囲（射程）が必ずしも明確にされていないことに因っていると思う。

　そこで、その判決の有する効力及び射程をより明確にするという問題ないし検討すべき課題が提起されていると受け止めて以下でこれを考究する。

　その前に、平成18年判決の後に示された下級審裁判所の司法判断の概要を年次を追って摘示する。

I　景観利益判決以降の司法判断

　平成18年判決は、「レア・ケース」についてのものであるとの理由で厳格にかつ制限的に解釈されるべきではなく、より弾力的に解釈すべきであるとの観点から、その判旨を引照する裁判事例（本稿執筆時点で私が収集できた限りのもので、民事事件と行政事件に区分され、各9件ずつ挙げられる。）における判断の要旨

第6章　景観利益判決の射程

を取り上げて示し、多少のコメントを加える。無論それぞれの事案ごとに争点は一様ではなく多岐にわたるけれども、景観に言及する説示等に限定した紹介にとどめる[1]。

1　景観利益判決の判旨の引照と民事訴訟

① 板橋区常盤台マンション事件（平成18年9月8日東京地裁判決　判例集未登載）

本件は、住民らが高層マンションの地上6階を超える部分の撤去等を求め、被告が原告らに損害賠償請求の反訴を提起した事例である。

本判決は、景観利益判決の判旨をそのまま引照した上で、「常盤台一・二丁目地区の景観は、良好な風景として、同地域に居住する人々の歴史的又は文化的環境を形作り、豊かな生活環境を構成するものであって、同地域に居住ないし通学する者は、上記景観の恵沢を日常的に享受しているものと認められるから、原告らは、上記景観について、法律上保護される景観利益を有する[2]」と述べているが、その違法な侵害は認められないとして請求を棄却し、また被告の反訴請求も棄却した。

② 男鹿市芦の倉沢渓流原状回復等請求控訴事件（平成19年7月4日仙台高裁秋田支部判決　LEX/DB 文献番号28132157）

本件は、被控訴人 Y_1・国、同 Y_2・秋田県、同 Y_3（公務員個人）に対し、控訴人 X_1 及び同 X_2 が治山工事によって「自然環境享有権（環境権）」等を侵害されたとして、Y_2 及び Y_3 に対して国家賠償法1条等に基づく損害賠償を求め、Y_1 に対しては谷止工等の撤去を求めた事案である。本判決は、国立事件のような都市景観の事例と「本件とは、事案を異にする。」などと判示し控訴を棄却した。

本判決について、「X らの主張する利益を、良好な景観から受ける精神的満足と同種のものと認めた上で、本件渓流周辺環境の客観的価値の高さ、土砂崩れ対策の必要性、工事方法の妥当性、本件工事に至る話し合いの経緯といった諸事情を総合的に勘案して、利益侵害行為の違法性（受忍限度）を問題とすべきであったように思われる[3]。」という論評がある一方、「本判決も……最高裁平成18年判決の趣旨が『自然』の景観が問題となっているような本件にも当てはまるのか疑問であるとしている[4]。」とするコメントがある。

③ 町田市玉川学園マンション事件（平成19年10月23日東京地裁判決　判タ1285号176頁）

本件は、地域住民らが被告らに対して、丘陵地にS字状に配置された各10階建ての大きなマンションの地上から3階以上、4階以上及び5階以上の各撤去を求めた事案である。

本判決も、景観利益判決を引用し、原告らに景観利益があると認定している。また、「思うに、都市施設の利便性を享受しつつ、周辺の緑豊かな自然環境や景観の恵沢を受けることは、我々の共通して望むところであり、これまでそれを享受してきた原告らが、変わらずこれを享受しようと希望することは当然のことであるし、本件地域に居住する住民らが、その環境を維持するために多大の努力をしてきたこと、その努力の結果として本件地域の良好な環境が維持されてきたことは尊重されるべきことである。」と説示している。しかし、本判決は一方の土地利用の制限との利益衡量のもとで景観利益の違法な侵害を認めず請求を棄却した。

④ 二子玉川東地区再開発事業差止請求事件（平成20年5月12日東京地裁判決　判タ1292号237頁）

本件は、東急電鉄二子玉川駅周辺に居住する住民が、二子玉川東地区再開発組合に対し、人格権、環境権及び景観の享受を内容とするまちづくり参画権等に基づき再開発事業の差止めを求めた事例である。

本判決は、原告らが主張する景観は「多摩川の流れ」「その上に広がる空」「丹沢や富士の眺め」それらが「一体となって形作る景観や自然」といった「自然を対象」とするものであり、本件は都市景観についての判断である景観利益判決の射程外と受け止めて、景観利益の存在を否定し、また眺望阻害については「受忍限度を著しく超えているとまではいえない。」などと述べて請求を棄却した。

⑤ 赤白ストライプハウス事件（平成21年1月28日東京地裁判決　判タ1290号184頁）

本件は、武蔵野市内で赤白の横縞模様の外壁で彩られた2階建て建物を建てた被告に対し、隣接住民2名が原告となり、景観利益、平穏生活権などに基づ

き外壁の一部の撤去等を求めた事件である。

　本判決は、景観利益判決を引用した上で「良好な景観の恵沢を享受する利益には、建物等の土地工作物の外壁の色彩も含まれ得るものと解される。」と判示したものの、景観利益を有するものでなく、またその外壁は「騒色」とまでいうことができず、「不快の念」を抱かせるとしても、平穏生活権が受忍限度を超えて侵害されるものでもないと述べ請求を棄却した。

　⑥　名古屋都市計画道路工事差止請求事件（平成21年1月30日名古屋地裁判決　裁判所ウェブサイト）

　本件は、標記道路計画に沿った四観音道などの地区住民が都市計画道路としての高架式道路の工事を施工する名古屋市に対して工事禁止の差止めを求めた民事事件である。原告らは景観利益侵害などを主張したが、本判決は、景観利益判決を引照するものの、「本件地域において、文化財、自然環境、建物の高さや位置、建物の様式などが、現に調和のとれた景観を呈していると認めることはできない。」「原告らに景観利益を認めることはできない。」などと述べて請求を棄却した。

　⑦　真鶴別荘建築禁止仮処分申立て事件（平成21年4月6日横浜地裁小田原支部決定　判時2044号111頁）

　本件の債権者は、平屋建て別荘の所有者であり、債務者がその南側隣接地に2階建て建物の建築を計画したところ、債権者土地建物からの眺望は相模湾の水平線や真鶴半島などほぼ全部が壁面によって遮られることになるとして、その建築禁止の仮処分の申立てをした事件である。

　本決定は、「債務者建築予定建物は、真鶴町の景観計画に定められた制限内の高さの建物であり、建築規制法令上の問題はない。とはいえ、そのような建物を建築すれば、債権者土地建物からの眺望をほぼ全部失わせる結果となることは、債務者において当然予測し得たはずである。」と述べて、仮処分命令の申立てを認容した。本決定の論旨は明らかに景観利益判決の判旨を参照にしたところがあるので、「景観権を肯定したもの」との批評もあるが、むしろ眺望の権利性を認めたものと評価すべきであろう。[5]

　⑧　京都船岡山マンション事件（平成22年10月5日京都地裁判決　判時2103号

98頁）

　本件は、風致地区に指定されている船岡山の南端の中核部分に建築されたマンションをめぐって、その地域に住む住民らがマンションの施主及び施工者等を被告として、建物の一部除却等の請求をした事案である。原告らは、「本件マンション建築は、船岡山周辺の建築秩序を破壊し、平安京（南）側からの船岡山の眺望景観や船岡山からの眺望景観を完全に損なうもので権利濫用である。」「景観侵害は、その侵害状態が除去されるまで侵害が継続するという性質を持ち、また、金銭賠償で損害を回復することは困難であるため、景観侵害に対しては原状回復が原則的な救済方法である。」などと主張した。

　本判決は、その景観に近接する地域内の居住者は景観利益を有すると説示したものの、その侵害の違法性は認めなかった。ただし、本判決は、工事騒音による被害並びに施主及び施工者の共同不法行為を認定し、慰謝料・弁護士費用合わせて一人当たり11万円〜44万円の損害賠償を認容した。

　⑨　圏央道工事差止請求、道路建設工事差止請求控訴事件（平成22年11月12
　　　日東京高裁判決　訟月57巻12号2625頁）

　本件は、首都圏中央連絡自動車道（圏央道）のうち、八王子市北浅川橋橋梁工事部分から同市南浅川町の「八王子南インターチェンジ（仮称）」工事部分までの区間について、本件道路周辺等に居住する住民等1279名が原告となり、道路公害のおそれ、八王子城跡及び高尾山等の歴史的文化的自然景観破壊のおそれ等を理由として、国及び日本道路公団（承継人・中日本高速道路株式会社）を相手取り、工事差止めを求めたものである。

　本件1審東京地裁八王子支部判決は、本件事業が「山地景観に相当な影響を与えることが推測され、高尾山や八王子城跡等の自然環境を保護しようと活動している者にとっては、大変好ましくない影響が生じることは容易に推認できる。」と認定したものの、原告らの請求を棄却した。

　本件高裁判決は、「都市景観を問題とした国立マンション最高裁判決の論旨が本件のような自然景観（山地景観）に対しても当然に当てはまるかどうか疑問であるが、仮にこの点をしばらく措くとしても、自然景観を含む景観利益が差止請求の根拠となり得る利益であるとまでいうことはできない。」と説示し、

さらに、損害賠償（慰謝料）請求との関係では、「良好な自然の景観の恵沢を享受する自然景観利益は、それが法的保護に値するものであるとしても、排他性を持つ人格権とは本質的に異なるものであり、たとえそれが侵害されたとしても直接に被侵害者の生活環境破壊や健康被害をもたらすような性質のものではないのであるから、そうとすれば、自然景観利益についての保護の範囲はおのずと限定的なものとならざるを得ず、これに反比例して受忍の範囲はおのずと広くならざるを得ない。」などと述べ控訴を棄却した。

2　景観利益判決の判旨の引照と行政訴訟

① 町田市マンション建築確認処分取消請求事件（平成18年9月29日東京地裁判決　裁判所ウェブサイト）

本件は、上記1の③事件に先行する別訴である。本件行政事件で地域住民は指定確認検査機関が行ったマンション建築確認処分の取消しを求めた。原告らは、本件マンション建築は「オオタカの営巣中心地」であり、「生態系の多様性等が確保された自然環境」「景観」及び「自然との触れ合い活動の場を持つ利益」等を侵害し、「町田市住みよい街づくり条例」に違反するものであって、原告適格が認められるべきであると主張した。

本判決は、「上記のような良好な住環境を享受する利益は、建築基準関係規定によって建築確認に係る建築物の周辺の建築物に居住する者個々人の個別具体的利益として保護されているということはできず、これらの利益を根拠に、原告らが本件各処分の取消しの訴えの原告適格を有するとの原告らの主張を採用することはできない。」と述べてその請求を退けた。

② 船岡山建築確認処分取消等請求事件（平成19年11月7日京都地裁判決　判タ1282号75頁）

本件は、上掲1の⑧事件に係る行政事件である。原告は、被告京都市に対して建築確認処分等の取消し及び処分行政庁による建物の一部除却命令を出すよう義務付けの各請求を行った。

本判決は、後者につき次のように判示した。建築基準法は「建築物の敷地、構造、設備及び用途に関する最低の基準を定めて、国民の生命、健康及び財産

の保護を図り、もって公共の福祉の増進に資することを目的とする（1条）ものであるところ、建築基準関係規定等においても、景観利益を住民個々人の個別的な利益として保護していると解することは困難である。」。そして、「原告らが景観利益を有するか否かはさておき、景観利益の侵害が本件除却命令がなされないことにより生ずる重大な損害であるとは認めがたく、また、原告らが本件除却命令を求めるにつき法律上の利益を有するとも認めがたい」と述べて訴えを却下した。

③　鞆の浦埋立免許仮の差止め申立事件（平成20年2月29日広島地裁決定　判時2045号98頁）

本件は、福山市鞆町の住民らが、広島県に対して広島県及び福山市が申請した鞆の浦の埋立免許につき行訴法37条の5第2項に基づき仮の差止めを申立てた事件である。本決定は、公水法上の慣習排水権を有する者の当事者適格を認めたのみならず、景観利益判決を引照し、公水法3条及び4条1項3号並びに瀬戸内法3条1項及び13条2項などを明示して、歴史的町並みゾーン内に居住する者は景観利益を有するものとして当事者適格を認めたことが特記される。本決定は「これは画期的な原告適格拡大判例である。[7]」と評価されている。ただし、同決定は仮の差止めを命ずる高度の緊急性はないとして申立てを却下した。

④　豊中市開発許可処分差止等請求事件（平成20年8月7日大阪地裁判決　判タ1303号128頁）

本件は、豊中市がマンション建設計画について都市計画法の開発許可処分をなすことに対し、近隣住民が開発許可処分等の差止めを求めたものである。本判決は、都市計画法33条5項及び景観法の規定は、一般的な景観を保護することをもって、環境の保全を図ろうとした趣旨の規定と解すべきであり、さらに、平成18年判決は、「不法行為の成否の場面において、景観利益が民法709条に規定される『法律上保護される利益』に当たると判示したものであり、開発許可に係る抗告訴訟の原告適格を認める根拠となるものではない。」と判示し訴えを却下した。

以上の判旨は、景観利益判決の判旨を厳しく制限的に解釈するものであっ

て、賛成しかねる。行政法学者からも、平成18年判決が出された以上「住民のもつ景観利益を反射的利益として処理することは、もはや許されないと考えるべきであろう。」「景観法が景観計画策定につき住民に計画策定変更提案権を与えた点は原告適格を地権者等の住民に承認したことを意味する。」景観上の利益が「法的に保護を受ける価値であるということは、確立したといえるのではないか。」などの見解が出されてきたことが留意されるべきである。

⑤　石垣市賃貸マンション建築確認処分差止請求事件（平成21年1月20日那覇地裁判決　判タ1337号131頁）

本件は、訴外Aが計画した7階建ての賃貸マンションにつき沖縄県八重山支庁の建築主事が行う建築確認に対して地元住民6名が沖縄県を相手に建築確認処分の差止めを求めた行政訴訟である。

本判決で特筆されることは、本件地域が国の名勝川平湾に臨む地域という特性を考慮して「建築確認に係る建築基準法の各規定の趣旨及び目的、これらの規定が保護しようとしている利益の内容及び性質等に、上記に摘示した景観法の規定の趣旨及び目的を参酌すれば、建築基準法は、良好な景観に近接する地域内に居住し、その恵沢を日常的に享受している者が有する良好な景観の恵沢を享受する利益（景観利益）をも、個々人の個人的利益として保護する趣旨を含むと解するのが相当である。」と判示し、6人全員に原告適格を認めたことである。ただし、マンション建設により「景観利益が一定程度制限される可能性があることは認められるものの、それが具体的にどの程度侵害されるものであるか明らかではなく」、重大な損害が生ずるおそれがあるとは認められないとして訴えは退けられた。これにつき、原告訴訟代理人は「景観利益が幅広く認められていることが非常に画期的だ。景観利益が侵害される程度を詳細に立証する必要があることが明らかになった。」とするコメントを発表した。

⑥　名古屋道路事業認可処分取消請求事件（平成21年2月26日名古屋地裁判決　判タ1340号121頁、平成21年11月13日名古屋高裁判決（本件控訴棄却）裁判所ウェブサイト）

本件は、上掲1の⑥事件の別訴である。原告らは被告愛知県に対し名古屋市都市計画道路事業に係る事業計画変更認可の取消しを求めた。本判決は、平成

17年小田急最高裁大法廷判決[11]を引用した上で、「原告らは、本件変更認可による本件道路事業によって、大気汚染、騒音、振動等による健康又は生活環境に係る著しい被害を直接的に受けるおそれのある者に該当」し、原告らは、すべて本件取消訴訟における原告適格を有すると判示した。ただし、公害が環境規準等を上回る程度に達するとは認められないので、それを理由に本件認可自体違法であるとも認められない、として請求を棄却した。また、同判決は、「景観権（景観利益）の侵害、眺望の阻害・圧迫感の被害は、環境基本法2条の公害の定義に含まれておらず、平成4年決定（名古屋市長による都市計画の変更決定（筆者））の根拠法令である都市計画法及びその関連法令が、これらの被害を受けない利益について、不特定多数者の具体的利益を専ら一般的公益の中に吸収解消させるにとどめず、それが帰属する個々人の個別的利益としてもこれを保護すべきものとする趣旨を含むものと解することはできない。」と判示した。

　上記判旨の環境基本法に触れるところは、あたかも景観利益は、環境基本法の根本理念たる「環境の保全」には含まれず、実定環境法令の保護法益とはなり得ないとしているように読めるが、仮にそのような解釈に立つものであるとしたら、環境法令の解釈として不適切である。

　確かに、環境基本法の公害の定義には景観利益、眺望利益、圧迫感を受けないといった生活利益は含まれない。しかし、同法は、「環境の保全」を第1条の目的条項で3度も明記し、また、その3条の基本理念で「健全で恵み豊かな環境の恵沢を享受する」と明示している。その上で、第14条では「生活環境の保全」「多様な自然環境」の保全、「人と自然との豊かな触れ合い」が明記され、「多様な自然環境」には、「住宅地等の地域における緑地」「市街地の中の小さな自然」「傑出した自然景観」などが含まれる[12]。さらに、2012年に策定された第4次環境基本計画でも「景観保全」「歴史的環境の保全・活用」がうたわれている。

　なおまた、環境影響評価法における基本的事項では、「人と自然との豊かな触れ合い」の中に「景観」が含まれること、「『景観』に区分される選定項目については、眺望景観及び景観資源に関し、眺望される状態及び景観資源の分布状況を調査し、これらに対する影響の程度を把握するものとする。」と解説さ

れ、一方、環境基本法の「環境の保全」には、天然記念物、名勝を除くその他の文化財は直接含まれないが、「例えば、周囲の樹林と一体となって、郷土景観を形成する上で不可欠な社寺等の文化財のように、環境と一体として扱われる場合については間接的にアセスの対象となり得るものと考えられる。」とされている。

以上、眺望、景観及びアメニティなどが生活環境に含まれる上に、環境基本法の根本理念・目的たる環境の保全の保護法益となることは明らかである。しかも、そのような具体的な内容を有する生活環境利益の侵害が、近隣の地域性の質の顧慮とも相俟って、特定の住民個々人にとっては生活妨害となり得ることは十分に考えられる。

⑦ 鞆の浦埋立免許処分差止請求事件（平成21年10月1日広島地裁判決 判時2060号3頁）

本件は、上記2の③事件に係る埋立免許差止請求事件である。広島地裁判決は、公水法3条・4条1項3号及び公水法施行規則3条並びに公水法と目的を共通にする関係法令として瀬戸内法1条・3条1項・4条・13条1・2項及び景観法の諸規定等を明示し、また、景観利益判決を引照した上でそれらに基づき、行政区画である鞆町に居住する者（原告140名ほど）の景観利益を認め、それらの者が行訴法37条の4第3項所定の法律上の利益を有する者に当たると判示した。そして、行訴法37条の4第1項との関係で「景観利益は、一度損なわれたならば、金銭賠償によって回復することが困難な性質のものであることなどを総合考慮すれば、景観利益については、本件埋立免許がされることにより重大な損害を生ずるおそれがあると認めるのが相当である。」と判示し、その損害の性質に照らせば、「損害を避けるため他に適当な方法がある」とはいえないとした。さらに同判決は、本案の争点につき鞆の景観の価値は「私法上保護されるべき利益であるだけでなく、瀬戸内海における美的景観を構成するものとして、また、文化的、歴史的価値を有する景観として、いわば国民の財産ともいうべき公益である」と説示し、埋立・架橋・道路事業の調査・検討が不十分・不合理な点があることなども勘案すると、本件埋立免許は「行訴法37条の4第5項にいう裁量権の範囲を超えた場合に当たる」と述べて差止め

請求を認めた。

　本判決は景観破壊の重大性を理由に公共事業の差止めを認めた初めての司法判断であったので、社会的な反響も大きく「平成18年判決を判断の基礎とした事例として実務上参考になるものと思われる。[14]」とか、「本判決は、不便であっても美しい景観を残すという新しい時代の到来を予測する実務上重要な判決である。[15]」といったコメントが出されている。

　⑧　圏央道事業認定取消請求事件、裁決取消請求事件（平成22年9月1日東京地裁判決　裁判所ウェブサイト）

　本件は、上記1の⑨事件の行政事件であり、事業認定取消請求事件（第1事件）、事業認定取消請求事件（第2事件）、裁決取消請求事件（第3事件）より成る。

　第1及び第2事件の被告は国で、原告らによって、国土交通大臣がした各工事に関する事業認定の取消しが求められ、第3事件の被告は東京都で、東京都収用委員会がした裁決の取消しが求められた。

　本件1審判決は、土地収用法適用との関係で、事業の起業地内の土地又は当該土地にある立木等に関して所有権その他の権利を有する者に本件取消しの訴えの原告適格を認めたものの、同法20条3号の規定は公益的見地から「社会的な利益」を保護しようとするものであるとの理由で、高尾山の自然環境及び自らの生活環境に係る人格権ないし環境権を有する旨主張する者及び自然保護団体の原告適格は否定した。

　本判決はまた、「本件圏央道事業等により設置される橋りょうやジャンクション、トンネル坑口等の構造物により高尾山を含む周辺地域の景観に影響が生ずるおそれがあることは否定できない。」と認定したものの、「景観への影響は、これが直ちに周辺住民の生活妨害や健康被害を生じさせるという性質のものとはいえない。」などと述べていずれの訴えも排斥した。

　本件の控訴審では、控訴人が、自然公園法1条の目的条項が「優れた自然の風景地の利用」が「国民の保健、休養」に資すると明言しているのは、「優れた自然風景が人の健康に深く関与していることを法が認めていることを端的に示している[16]」などと主張したことに対して、本件東京高裁判決は以下のように説示した。

「客観的に見れば、本件各事業の施行前後で景観が大きく変化していることは事実であり、他方、景観に対する感じ方、考え方は個人の主観に大きく左右されるものであるから、控訴人らのように自然環境や従前の生活環境に重きを置く価値観を有する者から見れば、本件各事業は景観に深刻な影響を及ぼすものと感じられることは当然のことと解される。」。

しかし、景観の変化自体は生活妨害や健康被害をもたらすものではないことなども考慮すれば、「上記不利益を過大視することはできない」などと述べて控訴を棄却した。

本判決は「本件各事業の施行前後で景観が大きく変化している」事実を否定することができなかった。おそらく控訴人らにとっては、以前享受してきた良好な景観が巨大な人工構造物により破壊され「殺風景」なものに様変わりし、「趣き」もなくなったと感じられるのではなかろうか。[17]

⑨　環境保全措置命令等請求事件（平成24年2月17日東京地裁判決　判例集未登載）

本件は、東京都文京区「湯立坂」に存在する通称「銅御殿」（国指定の重要文化財）を所有する財団法人及び近隣の住民が、被告指定確認検査機関Y_2に対し、Y_2がN不動産に対してした地上12階地下2階建てのマンションの数次にわたる建築確認処分の取消し並びに被告文京区Y_1に対し、同区長は当該建築計画が建築基準関係規定に適合しない旨の通知をY_2にせよとの義務付け及び同区長は施主N・施工者K対し建築工事の施工の停止命令をせよとの義務付けを求めた事件と、同近隣住民9人（以下Xらという。）が、被告国（以下Yという。）に対し、文化庁長官はNに対し文化財保護法45条1項に基づき上記の重要文化財の建物にたいし「現状を超えるピーク風力係数をもたらす構造物を建築してはならない旨の命令をせよ」との義務付け及び文化庁長官は本件マンションの建築につき文化財保護法43条1項本文に規定する許可手続を行う義務があることの確認を求めた事件に分けられる。

前者に係る1審判決[18]は、平成18年判決を引用した上で、「建築基準関係規定において、新たに建築される建築物の周辺住民等に対し、そのような『景観利益』を個別的な利益として保護する趣旨であることをうかがわせる規定は何ら

存在せず、具体的に保護されるべき『景観』の範囲や保護の内容等について定めた規定もない」などと述べて訴えを退けた。

後者の「環境保全措置命令等請求事件」[19]では、Xらは次のように主張した。

本件マンションの新築により、ビル風、地盤及び地下水位の変動並びに工事による振動等を原因として本件建物が損傷され、湯立坂の良好な景観が破壊され、Xらの「文化財の価値を享受する利益と良好な景観の恵沢を享受する利益とが一体不可分に結合した法的利益」が侵害される。

また、これらの利益は、文化財保護法の趣旨及び目的並びに同法と目的を共通にする関係法令たる景観法、東京都景観条例、文京区景観条例及び「歴史まちづくり法」（地域における歴史的風致の維持及び向上に関する法律（平成20年法律40号））によって保護され、その景観利益は専ら一般的公益の中に吸収解消させることはできない性質のものであるから、Xらは本件義務付けの訴えにつき法律上の利益を有する者に当たる。

さらに、行訴法37条の2第1項との関係では次のように主張された。

風洞実験の結果によれば、本件建物の土庇（つちびさし）にたいするピーク風力係数（負圧）は本件マンションの建築後は軒並み増加し、そのビル風による本件建物の損傷のおそれが著しく高いレベルにあるなど、文化庁長官が本件命令をしないことにより、本件建物の保存に大きな影響が生ずる結果となる。文化財の価値は、オーセンティシティにあり、一度毀損されてしまえば、事後的に回復することは不可能であって、その損害は重大なものであり、本件義務付けの訴え以外にその損害を避けるため他に適当な方法がないことは明らかである。

本件確認の訴えにつき、本件建物の保存が風害等により危機にひんしており、Xらの利益またはその法律上の地位に危険・不安が現存し、即時確定の利益があるといえる、と主張された。

これに対して、Yは次のように主張した。

文化財保護法の趣旨は、本件建物の外観の意匠や本件建物を含む周辺地域の景観に価値を置いたものではない。文化財保護法45条1項の環境保全命令はあくまでも当該の重要文化財の価値それ自体の毀損ないし減少を防止することを目的とするものであり、景観の保全を目的とするものではないし、同法には

重要文化財の周辺住民の利益保護を図るような手続き規定もない。

また、Xら主張の景観利益は「広い意味での生活環境に係る利益」であり、かかる不利益は「直ちに周辺住民の生命、身体の安全や健康を脅かしたり、その財産に著しい被害を生じさせるというものではな」く、「生活環境に関する利益は、基本的には公益に属する利益」である。さらに、景観法、都景観条例、区景観条例及び「歴史まちづくり法」は文化財保護法と目的を共通にする関係法令とはいえない。

平成18年判決は、「①不法行為の成否を判断する場面において、景観利益が民法709条に規定される『法律上保護される利益』に当たると判示したものであり、それ以外の場面における景観利益の法的効力について言及したものではないから、同判決をもって、原告らが主張する本件利益が、不法行為に基づく損害賠償請求以外の私法領域においても法律上保護された利益として認められるものであるとすることは誤りである。」「②『この景観利益の内容は、景観の性質、態様等によって異なり得るものであるし、社会の変化に伴って変化する可能性のあるものである』などとする同判決の判示からすれば、同判決を根拠として、本件利益が私法上の利益として確立されているとはいえないことも明らかである。」。

以上に対し、本判決の結論は、大筋でYの主張を採用し、本件各訴えは原告適格及び確認の利益を欠きいずれも不適法として却下した。

以下にその理由を摘示する。本判決はまず、非申請型の義務付けの訴えの原告適格ないし法律上保護される利益の判断基準につき、行訴法37条の2第3項等及び平成17年小田急判決等によって確立された一般的判旨を確認する。

その上で、Xらの湯立坂の良好な景観を享受する利益は平成18年判決のいう景観利益と同質のものであると解され、それが文化財の価値も含めた客観的価値を有しており、その侵害に密接な利害関係を有する者に私法上の利益が肯定され得る場合に、その違法な侵害に対して「民法上の不法行為の責任が肯定されることはあり得る」と述べる。以上の説示は景観利益判決の判旨を踏襲したものであり、その限りで正当である。

しかし、本判決はさらに、次のように述べている。「上記のような私法上の

利益が肯定され得るときにも、その対象となる内容及び範囲を一義的に画することが直ちにできるものではなく、その価値は、個々人の主観的評価に係る要素が大きいものといわざるを得ず、これに対する侵害の有無や程度も、生活妨害や健康被害とは異なり主観的な評価に依拠する部分が大きいものというべきである。」。

　これは平成18年判決が明確に排斥したその原審判決の焼き直しでしかなく、不当といえよう。また本判決は、Yの主張をそのまま採用し、景観利益判決の判示事項は、不法行為の成否に係るものであって、「それのいう景観利益又は原告らの主張する本件利益をもって、直ちに本件義務付けの訴えのような行政事件訴訟における原告適格を認める根拠とすることができると判示したものではない。」と述べ、本件はその射程外と形式的に解釈している。

　さらに、本判決は、改正後の行訴法9条2項が「法令の規定の文言のみによることなく」と新たな解釈指針を示しているにもかかわらず、以下のように明文の法令の欠如に拘った説示をしている。

　文化財保護法には景観を考慮する規定はない。環境保全命令の「環境保全」には景観の保全は含まれないし、その保全の手続き規定も見当たらない。文化財保護法と目的を共通にする関係法令についても、景観法は本件利益を個々人の個別的利益としても保護すべき趣旨を含むとは解せない。

　都条例でも、都民を景観に係る利益ないし原告ら主張の本件利益の帰属主体として位置付ける旨の規定も定められていない。区条例をもって、環境保全命令に係る45条1項の規定の検討に際してその趣旨及び目的等が参酌されるべきものといえるかには、「なお検討すべき問題が残ると考えられるが、この点をひとまず肯定して検討するものとしても」「原告らの主張するような重要文化財の所在する場所の近隣に居住する者に帰属する具体的な個別的利益としても保護すべきものとする趣旨を含むものということはできない」。

　「歴史まちづくり法」にも、同様にそのような規定は特に見当たらない。

　本件確認の訴えについては、本判決は、Xらの主張につき「現時点においては既に処分の対象とされる行為が終了してその対象を欠くこととなったにもかかわらず、文化庁長官においてなお当該処分又はこれに係る手続をすることが

あるとの前提に立って、被告に所属する行政庁である文化庁長官が当該処分又はこれに係る手続をしないことに起因して原告らの主張する本件利益に危険・不安が存在するという関係にあるとするものに帰するというべきであるところ」、この前提を採用することはできず、確認の利益を欠き不適法と判示した。

　以上の説示を読む限り、これでは国民の権利利益の実効的救済を図るとする改正行訴法の目的にも沿わないものではないかと思う。

Ⅱ　景観利益判決の射程

1　景観利益判決の射程の検討

　(1)　景観利益判決について、「本判決が少なくとも景観利益に基づく完成した本件マンションの一部の撤去請求を許容していると解することは困難であろう。[20]」との見解がある。

　しかし、正確にいえば、当該判決は差止請求を許容するとも許容しないとも明示して述べていないのであるから、肯定、否定の両様の解釈が成り立つというべきである。

　そのような制限的解釈を超えて、前掲Ⅰ-1の①、③及び⑧の各判決は、いずれも景観利益判決を引照し、差止請求はその判旨の射程外で不適法などとする素っ気ない判断をしていない。いずれも結論として請求を棄却しているけれども、国立事件と同様に住民の景観利益の存在を認定している。

　そうであれば、これら下級審裁判所は民事差止請求が平成18年判決の射程内に入ることを当然の前提としていること、換言すれば景観侵害事例において司法的救済の方途を残しておくという判断があるものと考えられる。

　以上のことを確認した上で、今後とも景観利益の内容をより具体的かつ明確にするなど「実証的な考察へと移行する必要がある[21]」というべきであろう。

　(2)　上掲Ⅰ-1の②、④及び⑨判決に見られるように、景観利益判決は自然の景観には当てはまらないと解釈すべきではないと思う。なぜなら「都市の景観は、……客観的価値を有する。」と説示する部分は「自然の景観は、……客観的価値を有する。」というように置き換えても全く不自然ではないからで

ある。

　上掲Ⅰ－2の③、⑤及び⑦の（鞆の浦及び石垣島川平湾）事件は、いずれも文化財保護法で国の「名勝」に指定された風光明媚な自然景観を有する地域で起こった事件である。前者の鞆公園は瀬戸内海国立公園の区域にあり、後者の川平湾は西表石垣国立公園の区域内にあり、サンゴ礁景観で知られている。

　上記司法判断は、いずれも平成18年判決を引照し、住民らが有する景観利益を根拠に申請人適格ないし原告適格を認めている。それらは、当該判決の判旨を柔軟に解釈し、行政事件に応用したものであって、まさに裁判官による更なる法創造とも評価されるべきものである。

　このように、平成18年判決の射程は、ある地域の人々が良好な自然的景観に長年触れてこれを享受し生業を営み暮らしを立て、その景観の歴史的・文化的価値をも認めているような場合にも及ぶと考えるべきである。

　（3）　上掲のⅠ－1の③及び⑧の町田市事件及び船岡山事件は民事事件であり、いずれの判決も原告らの景観利益を認めているが、Ⅰ－2の①及び②の同じ行政事件の判決はいずれも建築基準関係法の規定は景観利益を個々人の個別的利益としても保護していると解せないとしてこれを否定していることが目にとまる。民訴と行訴では訴訟要件等が異なるから別に不思議なことではないということであろう。

　ただし、石垣マンション事件における判決は、建築基準法及びその関係法令たる景観法の趣旨・目的等の解釈を通じて景観利益を住民個々人の個別的利益としても保護していると認めたおそらく初めての事例かと思われ、かかる判断こそが上記引用の最近の学説の主張に沿うものといえよう。

　（4）　鞆の浦埋立免許差止め判決については多くの行政法学者から好意的に受け止める論評がある。けれども、当然のことながら平成18年判決が「直ちに抗告訴訟の原告適格を基礎づけるものでないことは言うまでもない。[22]」といった意見があることも留意されなければならない。

　しかし、その一方で「原告適格の段階では『私益』として考慮事項とされているものだけが問題にされるが、本案の段階では『一般的公益』として考慮事項とされているものも問題とされると考えられる。[23]」との意見や「抗告訴訟の

原告適格の個別的利益性の判断において民法709条の『法律上保護される利益』と同程度の利益が必ず必要であることを根拠づけるものではない。むしろ、一方が本案の要件、他方が訴訟要件であることからすると、抗告訴訟の原告適格の個別的利益性の方がより広い利益を対象としうる可能性があるといえよう[24]。」といった意見が注目に値する。

広島地裁の原告適格に係る判断は、最高裁の先例が「居住者の生命、身体の安全等及び財産としてのその建築物[25]」という重大法益に限定して原告適格の個別的利益性を認めるのにとどまっていたものを「生活環境に係る著しい被害」にまでその個別的利益性を広げたと評価されている平成17年小田急判決及び平成18年判決の意義並びに改正行訴法の趣旨を十分に踏まえたものであり[26]、それら先例の射程内にある司法判断であったと評価されるべきである。

なお、これに関し「鞆の浦訴訟においては、まず、『伊達火力最判』の射程が及ぶのかが明らかにされなければならないはずであるが、一審判決にはこれについての言及は見られないのである[27]。」との意見がある。しかし、伊達火力最判[28]の判断は「現在の埋立法の解釈にとって格別の意義をもたない[29]。」というべきであり、事案も異なるから、鞆の浦事件には伊達最判の射程は及ばないと解すべきである。

（5） 旧来の最高裁の先例が「生命、身体の安全等」の重大法益に限定して、原告適格性を認めてきたことに関連して以下のような意見が示されてきた。

「『生命、身体の安全等』の『等』が何を意味するのかは文言上は不明であり、これに財産が含まれるという理解もあり得ないではないが、『居住』を要件とする考え方を採る限り、その点も否定的に解さなければ、整合性を保てないこととなろう。結局『等』は、『生命、身体の安全』という言葉では必ずしもいい尽くせない人的利益を表すものというのが適当と思われる[30]。」。ただ、この見解は「人的利益」ないし「人的被害」が何を指すのか明らかにしていないが、「等」には「健康」が含まれることに異論はない[31]。

私は、景観被害の特質に照らしこの人的利益・人的被害には景観の価値や景観利益が含まれると考える。上掲Ⅰ－2の⑨事件で問われている「文化財を享受する利益と良好な景観の恵沢を享受する利益とが一体不可分に結合した法的

利益」もまたこれに含まれると考えられる。

　この点につき「小田急原告適格最判が、原告適格判断における『個別的利益』たり得る法益について『生活環境』という把握を示したことは、狭義の『人格秩序』から離れて種々のアメニティ的利益にまで広がっていく可能性を含むものであり、所有権・人格権両方の観点を含めた動態的考察が必要になってくるのではないだろうか。[32]」との意見があるが、その通りであろう。

　（6）「生活環境」という意味に関して少し考察しておきたい。

　「サテライト大阪」事件最高裁判決[33]は、「周辺住民等が被る可能性のある被害は、交通、風紀、教育など広い意味での生活環境の悪化であって、その設置、運営により、直ちに周辺住民等の生命、身体の安全や健康が脅かされたり、その財産に著しい被害が生じたりすることまでは想定し難いところである。そして、このような生活環境に関する被害は、基本的には公益に属する利益というべきであって、法令に手掛かりとなることが明らかな規定がないにもかかわらず、当然に、法が周辺住民等において上記のような被害を受けないという利益を個々人の個別的利益としても保護する趣旨を含むと解するのは困難といわざるを得ない。」と判示し、場外施設周辺の住民等の原告適格を否定した。

　この判決に対し、学説から「原告適格の拡大が求められている行訴法の改正の流れに抗して、環境訴訟の原告適格を極めて狭く解したといえる。[34]」「上告審判決のような厳格解釈が今後進められるべき判例政策とは思われない。[35]」といった批判的な意見が出されてきた。

　一方で、「周辺住民等の利益は、生命、身体、健康といったような個別性の強い利益とは明らかに性質を異にするものである」などの理由から上記判決の結論を支持する意見[36]がある。

　この見解では、「性質上一般的公益に吸収解消されるとみざるを得ないもの」として、周辺住民からは「当該施設の周辺地域の街並みや景観が害される、……」などの悪影響が主張されることがあるが、「しかし、このような、地域的な限定性の乏しい一般的な利益は、その性質上、正に一般的公益の内に吸収解消され、公益としての保護の対象とするのにふさわしいものといわざるを得ないと思われる。」「このような街並みないし景観の変化は、長期間にわたって

徐々に進行し、また、周辺の環境、交通事情、景気動向等、多様な要因が関与するものであって、必ずしも場外施設の設置が唯一又は主要な要因となり得るものでもないことなどに照らすと、根拠法令から、上記のような街並み等を特に周辺住民の個別的利益としても保護する趣旨が明確にうかがわれない限り、一般的には一般的公益に吸収解消される利益といわざるを得ないと考えられる。」。

上掲の意見は、一般論としてなら理解できないわけではない。しかし、それが鞆御殿事件のような、国民の財産ともいえる重要文化財及びそれと渾然一体として形成されてきた良好な都市景観の客観的な価値の侵害が問われるような事例において妥当するとはとても思えないし、それとこれとでは事件類型が全く異なるのである。

一方、上記意見では、建築基準法48条に触れて「『住居の環境の保護』という文言からは、街並みや街区をひとまとまりとした保護というよりは、当該住居に着目してその住環境を保護するという個別的利益を保護する趣旨をうかがうことも不可能ではない。」とする見解も示されている。

（7）　原告適格要件に関する行訴法9条2項後段の規定につき、「当該法令の趣旨及び目的を考慮するに当たっては、当該法令と目的を共通にする関係法令があるときはその趣旨及び目的をも参酌する」とは、「処分の直接の根拠となる法令と目的を共通する関係法令が制定され、実質的に処分の根拠となる法令の趣旨及び目的が拡大している場合であっても、直接の根拠となる法令についてはそれを反映して規定が改められるとは限らないことから、そのような法令の規定の文言のみによることなく、関係法令の趣旨及び目的をも参酌すべきことを定める趣旨である。」との重要な解釈指針が出されてきた。

鞆の浦事件の判決は、この解釈指針に沿った論理を採用していると思われるので、以下ではまずその論旨を跡づける。そして、後に鞆御殿事件についてその手法を参考にした考察を行う。無論前者は行訴法の「差止めの訴え」、後者は同法の「義務付けの訴え」という違いがあるけれども、この点はひとまず措いて検討を進める。

（8）　埋立免許処分の直接の根拠法令は公水法である。大正10年に制定され

た旧公水法は、その32条１項第４号及び第６号に「公害」という用語こそ使っていたが、「環境保全」条項はなかった。昭和48年、同法が改正されて創設された免許基準の４条１項第２号及び第３号に「環境保全」という用語が用いられるようになった。

しかしながら、公水法は「景観」に触れるところはない。ただし、公水法が改正された同じ年に制定された瀬戸内法には１条の目的条項に「環境の保全」が明記され、３条１項には「比類のない美しさを誇る景勝地」「自然景観の保全等」が明示されている。また、同法に基づく「基本計画」及び「関係府県計画」で「内海多島海景観」「優れた景観」が計画目標の柱に据えられている。なお、「環境影響評価指針」[40]等でも「自然環境の保全に係るもの」に「景観」が含められている。

そこで、広島地裁判決は、根拠法令と目的を共通にする瀬戸内法等の趣旨・目的の柱の１つは「景観の保護」にあると解釈し、それが「広島県計画」で具体的に明記され、かつ根拠法にいう「環境保全」に包蔵され保護法益となり、しかも、それら公法と私法とがあいまって比較的狭い範囲の行政区画たる鞆町に居住する原告らに限定して、景観利益に対する個別的利益性が認められるという結論を導いたものといえよう。

なお、本判決について「裁判所が認定しているように、関連法規における居住民の手続参加制度が判決の結論を支える重要な要素と思われる。[41]」とする意見があることに留意すべきである。これに関し、本判決が明示しているのは、公水法３条が定める公衆縦覧手続及び利害関係人の意見提出手続等であり、「法的保護に値する景観利益を侵害される者」はこの「利害関係人に当たる」と述べている。

同判決は、本案の争点「法令違背及び裁量権の逸脱又は濫用の有無」についての判断においては、公水法４条１項第１号～第６号の免許要件のうち、第１号の「国土利用上適正且合理的ナルコト」の要件規定との関連のみを取り上げ、「広島県知事は、本件埋立免許が『国土利用上適正且合理的』であるか否かを判断するに当たっては、本件埋立及びこれに伴う架橋を含む本件事業が鞆の景観に及ぼす影響と、本件埋立及びこれに伴う架橋を含む本件事業の必要性及び

公共性の高さとを比較衡量の上、瀬戸内海の良好な景観をできるだけ保全するという瀬戸内法の趣旨を踏まえつつ、合理的に判断すべきであり、その判断が不合理であるといえる場合には、本件埋立免許をすることは、裁量権を逸脱した違法な行為に当たるというべきである。」と判示している。これは「行政の判断形成過程の瑕疵が認定された事例[42]」と評価されている。

最近の行政法学では、裁量をめぐる問題の中心は「個々の行政処分において、裁判所が裁量審査をするにあたりどの程度踏み込むべきかという審査密度の問題へと移行している。[43]」とされる。この司法の審査密度ということに関して、上記広島地裁判決に対し次のような批判がある。「私は、一審判決の『裁量統制論』は、その理論的背景が不明確であるだけでなく、判断枠組みの設定の際の理由づけが十分になされていないことから、控訴審で本案審理がなされる場合には、見直しが避けられないものであると考えます。[44]」。

上記意見ではさらに、「本来であれば、『処分要件』のそれぞれにつき、『要件裁量』が認められるのか、認められる場合には、どのような趣旨でどの程度の広さの裁量が認められるのかが明らかにされてはじめて、どのような統制方法がとられるべきかが決まるのであるが、残念ながら、鞆の浦訴訟の一審段階ではこれがなされていない。」「私には、結果的に、埋立免許権者の有する裁量権の範囲を必要以上に『狭い』ものとしているように思われる[45]。」。

以上につき、本件における裁量権の範囲は「必要以上に狭い」と解すべきではなく、むしろ、さほど「広いものではない」というべきかと思う。以下にその理由を述べる。

本判決に先立ち、当時の国土交通大臣（金子一義）が「風光明媚な場所は避けたほうがいい」と述べたのは決して個人的な感想ではないと思う。なぜならば、公水法4条1項第1号の解釈につき「この基準は、およそ埋立の可否の判断基準の基本である。よくいわれるのは、日本三景等の景勝地における埋立、環境保全上重要な地域等における埋立、良好な住宅地の前面の工業用地造成目的の埋立て等である。こうした一般的な基準からしても認め難いものは、本号により、免許拒否がなされる。[46]」との解釈指針が示されてきたのであり、鞆の浦は「日本三景等の景勝地」のうちの「等」に含まれるとされても不自然では

ないからである。

　さらにいえば、本件では公水法4条3項の「免許禁止基準」のうち、その第1号要件充足に関し、「権利ヲ有スル者」（慣習排水権者）すべての同意が得られていないのであり、「建設省所管埋立で、昭和49年度〜平成4年度の間で、権利者不同意のままの免許の例は1例もない。」からこそ、国交省当局から「完全同意をとることが望ましい」といわれ続けてきたのである。

　また、一部の権利者不同意の場合に、同条3項第2号「其ノ埋立ニ因リテ生スル利益ノ程度カ損害ノ程度ヲ著シク超過スルトキ」の適用が「例外的に」認められるが、その場合には「その同意なく免許できる合理的な事由が存するか。」ということ、すなわち、本件では「埋立て架橋により失う利益よりも得られる利益が大きいことを客観的に示すこと」が問われたのであったが、被告及び被告補助参加人はついぞその合理的客観的理由を示すことができなかった。

　このように、本件では埋立の可否の判断基準の基本要件（公水法4条1項第1号要件）さえ満たしていないと判断されたので、それ以上に公水法4条1項第2号・3号等の要件充足性の逐一の検討まではされていないが、しかし、この第2号・3号等の要件事実の事実認定が全くなされていないとまではいえず、実質的にはそれを踏まえての判断がなされていると考えるべきであろう。

　なおまた、本判決に関し「改正後の公有水面埋立法4条において『環境保全』という文言が挿入されていることは、『個々人の個別的利益』を保護する趣旨の側に『推定』をもたらすものと解釈されなければならない。」、公水法「4条1項2号・3号の『『環境保全』の中には、『個々人の個別的利益』が含まれると考えると、2号・3号の『環境保全』の中には『私益としての景観利益』の保護が含まれる余地があるということになりそうである。」といった解釈が出されているが、このような解釈と本判決はむしろ整合的であるとさえいえる。

2　環境保全措置命令等請求事件の判決

　以下では、専ら上掲Ｉ-2の⑨「環境保全措置命令等請求事件」（以下「本件」と略す。）を対象として、景観利益判決の射程は本件にも及ぶと考える私見を述べる。

昭和25年に制定された文化財保護法の1条の目的には「文化財の保存及び活用」等がうたわれているのみで「景観」は明示されていない。しかし、当初から、同法45条及び改正前旧法81条（現行法128条）には「環境保全」条項が盛り込まれており、また、その43条の「現状変更等の制限」は、昭和50年の改正で「又はその保存に影響を及ぼす行為」が挿入され、現状変更と並んでその行為が文化庁長官の許可を受けなければならないとされたほか、「伝統的建造物群保存地区制度」が創設された。

さらに、平成8年12月25日（庁保建第161号）各都道府県教育委員会教育長宛て文化庁文化財保護部長通知「重要文化財（建造物）の活用について」では、次のように記されている。

「文化財には、景観上の重要な役割を果たしているものなど歴史的景観の形成に大きな寄与をしているものや、屋敷構を構成している民家建築のような一連の建造物群として価値が見出せるものなど、位置や規模を含めた外観に文化財的価値の力点があるとみなされるものがある。」「建造物は、その建設時における景観や環境を前提条件として作られたものであり、同時に、文化財の存在が周囲に影響を与え、景観や環境が形成されてきている。このような文化財を中心とする歴史的景観や環境に対しても、保全と活用が求められる。[50]」。

近くは平成16年の改正で文化的景観の保護制度が新設され、本法2条1項第5号に6番目の文化財として「文化的景観」の定義規定がおかれ、同134条1項には「重要文化的景観の選定」規定がおかれた。なお、その選定の具体例として、棚田など「農耕に関する景観地」などと並んで「道・広場などの往来等に関する景観地」「垣根・屋敷林など居住に関する景観地」が挙げられている。また、重要文化的景観の選定は、平成16年制定の景観法と密接にリンクされ、景観法上の景観計画区域または景観地区の中に文化的景観を定めることとされている。[51]

かくて、本件に係る処分の直接の根拠法令たる文化財保護法それ自体が社会の進展に対応して歴史的・文化的・自然的景観などを保護法益に包蔵するに至ったといっても差し支えない。

重要なことは、本法43条1項の「保存に影響を及ぼす行為」についての文

化庁自身の解釈として、「隣接地における大規模な掘削や振動を伴う建築行為など」が挙げられ、「隣接地における建築行為は、掘削による当該建造物の基礎に影響が及んだり、工事の際の振動や地下水位の変化による影響がないかなどにより軽微な行為かどうかを判断する。[52]」といったことが示されてきたという事実である。この「影響がないか『など』」には、「建築行為など」による重要文化財及びその周辺の環境（風環境など）・歴史的景観等への影響の有無・その程度などが含まれると解釈すべきである。

　本件は、法43条1項ただし書の「影響が軽微である場合」に該当すると実務上処理されたケースのようであり、したがってまた、影響が軽微であるとはいえず「その保存に影響を及ぼす行為」に相当し、文化庁長官の許可を要する行為に当たるか否か等について法153条2項第3号に基づき、文化庁長官が文化審議会に諮問するということはされなかった。

　そもそも、本件のようにごく近い隣接地における大規模な建築の掘削行為が行われるケースでは、重要文化財の保存及びその周辺の良好な環境・景観の保全に対して直接的な影響が及ぶおそれがあると危惧されるのは当然のことであり、そのおそれがあるかないかは事前の総合的な環境影響評価などを行ってみなければ詳細のことは判明し難いといえるのであるから、文化審議会に諮問しないまま「影響が軽微である場合」に当たると判断したということであれば、相当に疑問があるというべきである。

　また、本件マンション建築「行為」には「妨害状態の継続等についての消極的認容」といった「不作為」も含まれると解釈されるべきあるから、このことも含めて本件が「保存に影響を及ぼす行為」に該当しないと認定されたことは、本来考慮すべき事項を全く考慮しなかったということになるのではないか。

　そうであれば、現時点において改めて本件請求のうち行訴法第4条に基づく公法上の法律関係に関する確認の訴えを求めること、すなわち「文化庁長官において本件マンションの建築につき文化財保護法43条1項本文に規定する許可を行う義務があることを確認する。」との請求は十分に成り立つものといえる。

　ところで、法45条1項の環境保全には立法当初から「周囲の環境風致を維

持する」ことが含まれると解釈されていたことは以下の文献で明らかである。
　「特殊の重要文化財については、その面目を保存するために周囲の環境風致を維持することが特に必要な場合もあろう[53]。」。したがって、今日では「環境保全」には周囲の「景観の保全」が含まれると解釈されて当然である[54]。
　名古屋白壁事件に係る名古屋地裁の決定でも次のように引用されている。「この規定の趣旨は、重要文化財、とりわけ建造物等の不動産文化財は、その周囲の環境による影響を受けやすく、また、周囲の環境とあいまって本来の価値を発揮している場合が多い。そのため、保護の措置を指定物件だけにとどまらず、その周囲の土地や建物・樹木等にも及ぼしたものである[55]。」。同決定では、「町並みや景観等は、高層マンションの引き立て役ではない」とまで述べられている。
　ただし、「この条項に規定する『重要文化財の保存のために必要があると認める』場合の要件が明確でないなどその適用には困難があり、制限禁止や負担命令を発した例は乏しい[56]。」とされている。
　本件では、訴外Ｎ不動産会社によるマンションの建築行為は既に完了しているのであるから、本条に基づき文化庁長官が行為の制限・禁止を命ずることは事実上不可能ということになるのであろうか。しかし、少なくとも現時点において「必要な施設をすること」の命令は可能である。
　この点につき上掲の「解説書」では、「必要な施設の命令は、一定の行為の制限禁止のみでは、環境の保全を期し得ない場合又は色々の事情で一定行為の制限禁止をすることができないか乃至はそれが関係者にとって甚大な損害を招くような場合特定の関係者に対して命ずるのである。この場合、関係者は所有者に限らないことは制限禁止の場合と同様である[57]。」。
　なお、「必要な施設をすること」等の命令（行政処分）を行うに当たってはやはり上掲法153条2項第4号に基づき、文化庁長官はあらかじめ文化審議会に諮問しなければならない。また、その命令をなす規準が不明確あるいは特定され難いということであれば、それを明確にするのは当該行政庁の責務であり、行為（作為）義務であるというべきである。
　次に、本法と同様に、文部科学省及び文化庁等が所管する法律に「歴史まち

づくり法」があり、これらの法令の関係法令として、景観法及び景観法施行令等が挙げられることはいうまでもない。[58]

また、東京都全域を景観計画区域とする「都景観条例」（平成18年10月12日条例第136号）及び「文京区景観条例」（平成11年12月10日条例第38号）が関係法令に含まれることも明らかである。

関係法令については、本判決が「なお検討すべき問題が残ると考えられる」と説示した区景観条例に焦点を絞って検討する

その条例の目的には「区民等及び事業者が協働の下に区の貴重な景観資源である『坂』と『緑』と『史跡』を生かした個性豊かな魅力ある景観づくりを推進する」とうたわれている。そのもとで、湯立坂は区の「ふるさと景観賞」に選ばれている。

文京区は、都市計画法18条の2に基づく「市町村の都市計画に関する基本的な方針」として「文京区都市マスタープラン」（平成23年3月）を策定している。そこでは、「景観形成の方針」が示され、「景観法に基づく景観行政団体への移行によって、体系的な景観まちづくりを進めます。」とうたっている。そして、「(仮称)文京区景観計画骨子（案）」を策定済み（平成23年12月）である。それには「景観特性基準が適用される場所」として、「景観特性基準」の1「坂道」、2「歴史的資産」、3「まちのまとまり」、4「幹線道路等」、5「拠点」、6「緑のまとまり」の一覧が掲げられ、その中には、「湯立坂（湯坂）」「国指定重要有形文化財（建造物）」「旧磯野家住宅主家表門土地」低層住宅地としての「千石2丁目（本件1審原告らのうち4名の住所地がある。（筆者））等」「山の手地域（茗荷谷駅・教育の森公園周辺）」「窪町東公園」「占春園」「小石川植物園一帯」など、本件のいわば景域（景観）を構成すると考えられる資源が明示されている。

しかも、「歴史まちづくり法」の一環としての「『歴史的文化構想』策定技術指針」（平成24年2月文化庁文化財部策定）においても「文化財が置かれている自然環境や周囲の景観、文化財を支える人々の活動」を重視する指針が示されている。

以上のことは、不文律の約束事としての地域的ルールあるいは慣習を顕現化したものとみることができる。[59] したがって、それが未だ新景観条例に結実して

いないものであるとしても、現時点での区民の総意の表れとみて現景観条例のもとでも十分に尊重されるべきものである。

このように、文化財保護法の関係法令として、景観法等は無論のこと、都条例なかんずく文京区条例の趣旨及び目的を参酌すれば、湯立坂、国指定の重要文化財・銅御殿及びその周辺の良好な都市景観は公共財として客観的な価値を有するものであり、多くの市民によってその景観の価値が高く評価されていることがわかる。

そうであれば、その良好な景観ないし重要文化財（建造物）に近接して居住し日常的にこれを享受している者は、その客観的な価値の侵害に密接な利害関係を有するものであって、いわゆる景観利益を有することはもはや明らかである。

東京地裁判決も「湯立坂の良好な景観の恵沢を享受する利益」は平成18年判決のいう「景観利益」と「同質のものであると解される」と認めざるを得なかったものである。そして、この景観利益は、民法の「法律上保護される利益」（709条）に包含され、かつ、本件処分の根拠法規たる文化財保護法の上記関連規定及びその関係法令によって保護されるべき法的利益として、一般的公益に吸収解消され得ない地域住民個々人に帰属する個別的利益としても保護されるものというべきである。

以上、Xらは本件義務付けの訴えにおいて行訴法37条の2第3項の法律上の利益を有する者に該当するということができる。

なお、本件の東京地裁判決がいうところの「住民らの意見等を求める手続き規定もない」といえるかについて多少の考察を加える。

文化財保護法156条1項「不服申立ての手続における意見の聴取」では、同法43条1項本文の規定を受けて、その「許可又は不許可」処分の「審査請求又は異議申立てに対する裁決又は決定」を行うには、事前の「公開による意見の聴取」をしなければならないとしている。意見聴取の対象者として「審査請求人・異議申立人・参加人等」を挙げている。これらの規定は、処分の直接の相手方を念頭においたものであろう。

しかし、法157条では、それらの者のほかに「当該処分について利害関係を

有する者」で上記公開の意見聴取に参加して意見を述べようとするものは、許可を受けて意見を述べる機会が保障されている。

　この「利害関係人」には重要文化財の近隣に居住する者等が含まれる余地があると考える。なぜなら、「その保存に影響を及ぼす行為」が仮に許可されたとした場合には、その行為如何によっては周辺の環境ないし景観に重大な影響が及ぶおそれがあるからである。

　さらに、法154条1項は、文化庁長官が法45条1項等による処分、すなわち「制限、禁止又は命令で特定の者に対して行われるもの」について、「公開による事前聴聞手続き」をとるべきことを定めている。本条に基づく「必要な施設の命令は特定の関係者に対して行われ、かつ、関係者は所有者に限られない」ことは既に触れた通りである。

　この手続きへの参加を認める利害関係人の範囲を狭く限定することは正当でなく、「ある程度範囲の限定を緩和する必要がある」「例えば、被聴聞者として処分の相手方及びこれと利害関係を一にする利害関係人と相反する法律上の利益を有する者を利害関係人として認める必要がある」[60]というべきである。

　また、法169条1項4号で、文化庁長官は、必要があると認めるときは文部科学大臣を通じ各省各庁の長に対し「環境保全のため必要な施設」の設置等を勧告することができる、とされている。

　次に、都条例では確かに都民の直接の参加手続規定はおかれていない。しかし、景観法8条に基づき東京都全域を対象区域とする景観計画が定められている。また、景観法9条は、景観計画の策定（または変更）に当たっては「あらかじめ、公聴会の開催等住民の意見を反映させるために必要な措置を講ずる」とされている。さらに、同法11条により都民は少なくとも景観計画の変更提案権を有する。また、同法20条で、景観計画区域内の建造物の所有者は景観重要建造物の指定の提案権もある。

　区条例11条2項では、区長は景観形成地区の指定に当たって「あらかじめ当該地区の区民等の意見を聴くものとする」とされ、同12条で、一定地区内の区民等は景観づくりに関し地区景観方針等の素案を作成し区長に申請することができる。また、同13条では、地区景観方針等の案は公告の日から2週間

の公衆縦覧に供され、この期間中に区民等は意見書を提出できる。

　要するに、銅御殿事件におけるⅩらは、本件各処分の直接の根拠法令たる文化財保護法及びその関係法令である景観法、都条例及び区条例等に基づき、行訴法の原告適格判断の重要な要素とされる「手続参加制度」[61]において、利害関係当事者に含まれると解して差し支えない。

　以下では、その後の状況に触れておく。
　本件控訴事件における東京高裁判決は[62]「本件控訴をいずれも棄却する。」とする控訴人敗訴の判決を下した。以下この判決について多少の検討を行う。

　本判決は、本件利益（「文化財の価値を享受する利益と良好な景観の恵沢を享受する利益とが一体不可分に結合した法的利益」）について控訴人が主張する部分については、「原判決が……に説示するとおりである。」と述べた上で、国立マンション最高裁判決についての最高裁調査官解説の制限的解釈に従い次のように判示している。

　「不法行為の成否を判断する場面とは異なる本件義務付けの訴えのような行政事件訴訟における原告適格について、景観利益一般が個々の国民につき法律上の保護された具体的利益であると判示したものではない。」。

　また、最高裁判決は「景観利益を相対化するとともに、財産権などの他の価値との優劣関係の決め方に言及している。それらを考慮すると、同最判を根拠として、景観利益一般が客観的価値を有するものであり私法上の利益として確立しているとみることは困難である。」。

　以上の判旨は、最高裁判決を更更に厳格に解釈するものであって、正当とはいえない。平成18年判決は、都市の「景観利益一般」が「客観的価値を有する」などとは述べておらず、幾つもの条件を付けて景観利益を認めているからである。しかも、平成18年判決は、「不法行為の成否を判断する場面」以外には何の判断も示していないのはその通りであるけれども、その「場面」にのみ適用されるものでしかないと解釈しなければならない必然性は少しもない。

　本判決は、控訴人主張の「本件利益」については「原判決が第3、1、(2)ア（42頁）に説示するとおりである。」と述べているが、この点は実に不分明である。なぜなら、原判決の「判決正本」をよく読むと、「第3、1、(2)ア」

の42頁ではなく、41頁の1行目から、その利益は「国立マンション最高裁判決にいう景観利益（良好な景観の恵沢を享受する利益）と同質のものであると解されるところ、」と認定し、それを平成18年判決の判示事項に当てはめて「文化財の価値」は「客観的価値を有するもの」として「私法上の利益が肯定されることがあり、」「民法上の不法行為の責任が肯定されることがあり得るとしても、」と肯定的に述べているからである。

確かに、本件1審判決は、上記引用文から反転して「判決正本」の41頁の中ほどの後半から42頁の全部を使って国立事件控訴審判決と同様に、対象となる風景等は特定されておらず、その価値評価も主観的要素が大きいなどと今度は否定的な言説を縷々述べている。

そうすると、本件東京高裁判決は、その1審判決でさえ「文化財の価値」は「客観的価値を有する」と述べざるを得なかった事実をあえて見過ごして（「(42頁)」などと明示して）、肝心の点について高裁として独自の事実認定を行うということをせず、「一般論」によってその場を取り繕うものでしかないように思われる。これでは事実審の認定判断として極めて不十分で不誠実でさえある。

いうまでもなく、本件控訴人が主張するのは都市の景観利益一般の侵害の問題などではない。その内容は具体的で範囲も明確な良好な景域たる景観にほかならない。本判決はこの中身の実体に踏み込んで判断することをあえて回避したとしか思えない。

最高裁判決が「景観利益を相対化」しているとは確かにそうであるが、それは景観利益の重畳的性質に無理解であり、景観侵害の重大性を看過したものであって、この点が同判決の持つ最大の問題点であることは既に述べた通りである。

さらにいえば、「景観利益一般が客観的価値を有するものであり私法上の利益として確立しているとみることは困難である。」（傍点筆者）との説示はいたずらに誤解を招くものであって適切な表現ではない。

景観の法的保護を論ずるものにあっても、景観利益一般の絶対的な保護などを主張しているのではない。その地域固有の特性を持ち社会通念からも良好な都市景観として客観的価値を有すると認められる景観利益は民法709条が明記する「法律上保護される利益」等に含まれるという当然の事理を述べているに

過ぎない。この命題こそ最高裁景観利益判決が承認したものにほかならず、それが「私法上の利益として確立している」と解釈されるのでなければ、最高裁が新たに切り開いた先例に背馳するのではないか。

本判決はまた、平成17年最高裁大法廷判決及びサテライト大阪最高裁判決に言及し、控訴人らのいう景観利益は「広い意味での生活環境に係る利益」であり、それが害されるとしても「生活環境に係る不利益にすぎず、直ちに周辺住民等の生命、身体の安全や健康あるいは財産に著しい被害を直接的に生じさせるおそれを招くものではない。」と説示している。

しかし、これまた前述したように、平成18年判決の弱点を引きずり、かつまたサテライト大阪最判に関する上記引用の「調査官解説」をそのまま鵜呑みにしたものであって賛成できない。繰り返しになるが、それとこれとは事案が異なるのである。

一歩譲って、景観利益の侵害は「生活環境に係る不利益」であるとしても、それがアメニティの利益の侵害となり、生活妨害となり得るものであることは既に詳しく述べた通りである。

1) 以下の裁判事例には、年月順に整理番号を付けた。事件名はほぼ収録判例集における記載名を用いているが、私が付けたものもある。第5章で詳述した鞆の浦事件も以下の「一覧」に要約して掲げているが、裁判例の流れを追うにはそれが便宜であろうとの理由によるものであることをお断りしておきたい。
2) 以上、本件1審原告訴訟代理人よりお送り頂いた裁判資料に拠る。
3) 原島良成「判批」速報判例解説（法学セミナー増刊）1巻2号（2008年）317頁。北村喜宣『環境法』（弘文堂、2011年）211頁も参照。
4) 小林努「圏央道等工事差止請求控訴事件・解説」訟月57巻12号（2012年）2625頁。
5) 五十嵐敬喜「連載　真鶴町『美の条例』」環境と正義123号（2009年）10頁。なお、本件は厳密にいえば眺望阻害事例に含められるものであるが、本決定が景観利益判決の判旨の影響を強く受けたことがうかがえるのでここに掲げた。
6) （参考）東京地裁八王子支判平成19・6・15訟月57巻12号2820頁。
7) 阿部泰隆『行政法解釈学Ⅱ』（有斐閣、2009年）156頁。
8) 畠山武道「景観保護における裁判の役割と限界」自治実務セミナー45巻10号（2006年）54頁。
9) 寺田友子「景観権について」小髙剛先生古稀祝賀『現代の行政紛争』（成文堂、2004年）343頁。
10) 安本典夫『都市法概説』（法律文化社、2008年）80頁。

11) 最大判平成17・12・7民集59巻10号2645頁。
12) 環境省総合環境政策局総務課編『環境基本法の解説〔改訂版〕』（ぎょうせい、2002年）184頁。
13) 以上、環境庁環境影響評価研究会著『逐条解説環境影響評価法』（ぎょうせい、1999年）311頁以下、316頁及び318頁参照。
14) 匿名解説、判時2060号5頁。
15) 匿名解説、判例自治323号22頁。
16) 東京高判平成24・7・19裁判所ウェブサイト。
17) 野家啓一「東北の地から③風土と『殺風景』」書斎の窓615号（2012年）表Ⅱ頁参照。
18) 東京地判平成23・9・21判例集未登載。
19) 私は、この事件の1審原告・訴訟代理人より、1審東京地裁判決の当否について意見を求められ、2012年6月26日付で意見書を書いた。本論文はそれをベースにしてさらに大幅の書き加えと補正を行ったものであり、本件への言及が特に詳述されているのはそのためであることをお断りしておきたい。
20) 上野暁「国立マンション撤去等請求事件判決」法律のひろば59巻8号（2006年）80頁。
21) 白川慧一「近年の景観訴訟事例にみる景観保護の論理」土地総合研究18巻3号（2010年夏号）126頁。
22) 島村健「判批」ジュリスト1420号（2011年）65頁。高木光「行政処分における考慮事項」法曹時報62巻8号（2010年）2064頁、同「行政法入門㊿～㊽」自治実務セミナー576号～578号（2010年）、横山信二「景観利益と差止訴訟における『法律上の利益』」松山大学法学部二十周年記念論文集『法と政治の現代的諸相』（ぎょうせい、2010年）111頁なども参照。
23) 高木光「原告適格の考慮事項と実体判断について」藤山雅行ほか編『新・裁判実務大系25　行政争訟〔改訂版〕』（青林書院、2012年）234頁。
24) 大塚直「鞆の浦景観訴訟本案判決について」LAW AND PRACTICE 4号（2010年）85頁以下。
25) 総合設計許可取消請求事件に係る最判平成14・1・22民集56巻1号46頁。
26) 橋本博之「行政事件訴訟法改正」法学教室351号（2009年）25頁では、「これらは、改正法をツールとした紛争解決の新しい枠組みを創出するものとして、大いに注目される。」と評価されている。
27) 高木・前注22）法曹時報62巻8号2064頁参照。
28) 最判昭和60・12・17判時1179号56頁。
29) 岡田周一「79　伊達火力事件」淡路剛久ほか編『環境法判例百選』（有斐閣、2004年）184頁。
30) 大橋寛明「〔7〕判批」『最高裁判所判例解説民事篇平成9年度（上）』（法曹会、2000年）156頁。
31) 総合設計許可取消請求事件に係る最判平成14・3・28　民集56巻3号613頁参照。
32) 角松生史「まちづくり・環境訴訟における空間の位置づけ」法律時報79巻9号（2007年）32頁。
33) 最判平成21・10・15裁時1493号5頁・「場外車券発売施設設置許可処分取消請求事件」。
34) 阿部泰隆「判批」判例評論621号（2010年）3頁。

35) 塩野宏『行政法Ⅱ〔第5版〕』(有斐閣、2011年) 142頁。
36) 清野正彦「時の判例・判批」ジュリスト1402号 (2010年) 134頁、同「最高裁判所判例解説【29】」法曹時報62巻11号 (2010年) 3052頁以下。
37) 以上、上掲法曹時報62巻11号3077頁、3079頁。
38) 上掲3101頁。
39) 小林久起『行政事件訴訟法』(商事法務、2006年) 53頁。
40) 昭和61年3月26日港管第716号通達及び昭和61年4月8日建設省技調発第143号通達参照。
41) 塩野・前注35) 142頁。
42) 原田尚彦『行政法要論〔全訂第7版補訂2版〕』(学陽書房、2012年) 155頁。
43) 櫻井敬子・橋本博之『行政法〔第3版〕』(弘文堂、2011年) 113頁。
44) 高木・前注22) 自治実務セミナー577号4頁。
45) 以上、高木・前注22) 法曹時報62巻8号2071頁、2072頁。ここで、処分要件のそれぞれとして、公水法4条1項第1号〜第4号が明示されている。
46) 建設省埋立行政研究会編著『公有水面埋立実務ハンドブック』(ぎょうせい、1995年) 41頁。
47) 上掲書47頁。
48) 国土交通省港湾局埋立研究会編『公有水面埋立実務便覧〔全訂2版〕』(日本港湾協会、2002年) 408頁参照。
49) 以上、高木・前注22) 法曹時報62巻8号2064頁以下、2066頁。
50) 以上、文部科学省ウェブサイト。
51) 文化財保護法と景観法は、「法律の理念や目的は異なるものの、我が国の景観保護を図る点で軌を一にする」(文化財保護研究会編著『最新改正文化財保護法』(ぎょうせい、2006年) 90頁) とされる。
52) 文化庁『文化財保護法五十年史』(ぎょうせい、2001年) 158頁以下。
53) 竹内敏夫・岸田実『文化財保護法詳説』(刀江書院、1950年) 159頁。
54) なお、本法43条及び45条に言及するものに、内田新「文化財保護法概説・各論 (6)」自治研究60巻2号 (1984年) 82頁以下がある。また、高橋里香「歴史的環境保全の法的考察」和光大学現代人間学部紀要1号 (2008年) 147頁以下も参照。
55) 名古屋地決平成15・3・31判タ1119号278頁、295頁以下。
56) 中村賢二郎『文化財保護制度概説』(ぎょうせい、1999年) 71頁。
57) 竹内・岸田・前注53) 160頁。
58) 文化財保護法研究会監修『文化財保護関係法令集〔第3次改訂版〕』(ぎょうせい、2009年) 6頁〈関係法令〉参照。
59) 矢作弘「不文律の約束事として守られてきた望ましい都市景観」地域開発464号 (2003年) 26頁。
60) 以上、改正前旧85条1項 (現行法154条1項) に関する検討として、内田・前注54)「各論 (41)」自治研究65巻9号 (1989年) 47頁及び57頁注 (21) 参照。
61) 塩野・前注35) 143頁参照。
62) 東京高判平成25・10・23 本稿執筆時において判例集未登載。以下判決文の引用は「判決正本」の写しによる。

終章 景観利益判決を超える地平

　この終章では、前章まで述べてきたことのまとめを行い、また、残された問題ないしなお検討すべき課題について考察を行う。これはいわば「景観利益判決を超える地平」の探究とでもいえるかと思い、タイトルにそう付した。

I　景観利益とは何かの再措定

　純然たる自然の風景は措くとしても、良好な都市景観、農村の景観及び歴史的・文化的景観（あるいは自然的景観）は長年の人々の共同の意思と暮らしの営みによって築かれてきたものである。良好な風景としての景観の価値は奥が深く、これを金銭的あるいは経済的な尺度で明確に測ることは困難であり、何がしかの数値基準等で数量化・指標化することも難しい。しかし、その価値は客観的に評価できないと考えるべきでないことは前述した。
　良好な景観はそれ自体が社会共通の公共財産であり、景域に属する地域に有形・無形の生活上の福利をもたらす。その福利は集合的利益として（もしくは公益と私益との間を繋ぐ共益として）地域住民総体に共属する。
　集合的利益としての景観は、地域的ルール（ここでは「地域固有の社会規範または法規範」と定義しておく。）を基底とする環境利用秩序[1]あるいは生活利益秩序[2]として形成され維持される。
　その集合的利益から個々の住民・市民は自己に「割り当てられた」[3]景観利益（個別的景観利益）を取得しこれを「等しく」[4]享受する。
　個々の住民が個別的利益としての景観利益を有し、それを日常生活において「享受」していることにはおそらく異論はない。その法的性質・内容は人格的利益というべきであるが、財産的利益の要素も含むものである。

景観利益が個々の住民・個人に帰属すると解することができるであろうか。「帰属は問題とならない。[5]」「集合的利益」それ自体を正面から捉えるためには、利益の帰属・享受の要素のない法的地位を「権利」として構成すべき[6]、「利益」の「帰属」という権利観からの転換を図る[7]といった見解が出されてきた。

しかし、所有権のような絶対的・排他的帰属を観念することはできないとしても、景観の権利性をより一層強固なものにするためには、利益が帰属すると考えるのが妥当ではないかと考える[8]。そう考える方が伝統的な法律構成とも整合的だからである。[9]

Ⅱ　互換的利害関係の法理の妥当範囲

標記の法理は、元来ドイツの建設計画法等が公法上の建築隣人訴訟に適用される際の解釈に用いられてきたものであり、しかも隣接する土地所有者間に課される相隣関係法上の相互顧慮要請・顧慮の権利義務とも関連するものであろう[10]。したがって、その法理は、景観の形成と保護育成に自己規制をして特別に寄与貢献してきた土地所有権・土地利用権を有する者にとってよく妥当し、往々にして「一棟（発）外部空間喰い逃げ」などと揶揄されるような行為態様を取る不動産事業者等の行為を制限しようとする場合に最も適合的である。[11]

ただ、景観が地権者の特別な寄与貢献を核として形成される場合にも、地権者との共同の意思のもとでその保全に協力する近隣の住民・市民（ボランティアも含めて）が存在することも見逃せない。

大規模公共事業で景観破壊が招来されるおそれがある事例では、事業者が公共事業を進める国・地方公共団体等ということになるので、これを互換的利害関係の法理で説明するには相当に無理がある。国及び地方公共団体等は「公共性」を名分にしてその事業を行うのであり、その事業者の有する権能と人格権または財産権を有する地権者住民等の権利とはおのずと性質を異にし、互換的利害関係にあるとは必ずしもいえないからである。

鞆の浦埋立免許差止め訴訟では、被告の側で、鞆の自然的景観ないし歴史的・文化的景観を捉えて、国立事件で原告が援用した互換的利害関係の法理を逆に

転用し、あたかも鞆の景観は長い自然史・歴史を経ておのずと形成されてきたものであって、原告住民にはその形成・維持につき特段の寄与貢献があったわけではなく、原告らに景観利益などないと主張したようであるが、かような主張に広島地裁判決が取り合わなかったのは正当というべきである。

お断りしておくが、鞆の浦事件の原告は本件訴訟の提起がなされるよりずっと以前から鞆のまちづくりと活性化に中心的な役割を担い、今ある美しい景観の維持・形成について献身的な努力をしてきた人々であることを忘れてはならないと思う。

Ⅲ　景観侵害と差止請求権

標題のテーマに関しては第4章のⅢ－4～7で言及している。以下では多少の繰り返しとなるところがあるかと思われるがその点はお許しいただき、なお残された問題について民事訴訟を念頭において検討を行う。

1　景観利益の享有主体

景観利益の法的主体となる者に関しては以前にも触れているが、ここではその担い手（「享有主体」とも呼ぶ。）になり得る者について総括的に述べる。

景観利益が土地・建物といった不動産に関する利益であり、かつまたそれと密接に関連するアメニティという生活利益もしくは人格的利益であるとの立場からすると、景観利益の享有主体になる者は以下のようなものが挙げられる。

まず、保護の対象とされるべき当該の風景あるいは景観のいわゆる景域の範囲内もしくはこれに近接する地域の範囲にある土地・建物に所有権を有する者（マンションの区分所有者を含む。）、土地に借地権を有する者、土地・建物の所有者ないし賃借人などと共に建物に居住する配偶者、子及び両親等（これらの者はその土地または建物の現実の占有者であり居住者であればよい。）である。

学校法人、宗教法人、その他の公益法人及び各種の営利法人なども景観利益の客観的価値の侵害に密接な利害関係を有する場合には享有主体となる。

学校等に一定の年限通学する児童、生徒、学生あるいは職場に一定年限通勤

し仕事をする者も享有主体と認められてよい。

　なお、「空き家対策」をどうしたらよいか地方自治体が悩むほど空き家・空き地が増えてきているようであるが、それら不動産の所有者ないし排他的な占有者といえども長年そこに住んでいない不在者は景観利益判決が求めた要件を満たしているとはいえないから、享有主体にはならない。それらの土地・建物につき権原を有しない不法占有者も原則として享有主体には含まれない。

　良好な風景地に別荘を所有する者も「日常的」とはいえないが、滞在時には風景を享受しているのであるから享有主体となる。一般の観光客・旅行者などが享受する良好な風景・景観は「非日常的」なものであるから、平成18年判決が示した3要件を厳格に解する限り原則として享有主体にはならない。ただ、「リピーター」については意見が分かれるかもしれない

2　差止請求権の法的根拠

　差止請求権とは、景観侵害のおそれまたはその侵害がある場合に、その侵害に密接な利害関係を有する者に認められる侵害予防請求権ないし侵害排除請求権である。その発生根拠は、景観侵害が土地所有権、人格権、環境権及び景観権といった何らかの権利の侵害を伴うときは、権利の絶対性、排他性及び不可侵性に求められる（権利説）。

　景観利益が生成途上中のもので成熟した権利とはいえなくとも、その利益の侵害による被害の程度が重大であり、かつ侵害行為の態様が社会的妥当性を欠くなどの違法性を帯びる場合には、違法侵害に発生根拠を求めることができる（違法侵害説）。

　差止請求権の発生根拠を不法行為に求める説（不法行為説）では、違法侵害が過去から現在へと継続している場合で侵害行為が不法行為性を帯びるときの侵害排除請求権を説明するには難点があるとは思えない。これは前述した通りである。しかし、違法侵害のおそれないし高度の蓋然性があるだけの段階での侵害予防請求権を説明するには無理がある。

3　差止請求と民事保全訴訟

　建築紛争などにおいてよく用いられる救済方法は民事保全法23条による仮処分裁判である。同法23条2項は「仮の地位を定める仮処分命令は、争いがある権利関係について債権者に生ずる著しい損害又は急迫の危険を避けるためこれを必要とするときに発することができる。」と規定する。

　仮処分の申立人・債権者は被保全権利及びその保全の必要性の疎明を要するが、この被保全権利には作為請求権（建物の除去請求権など）及び不作為請求権（建築禁止請求権など）が含まれる。

　問題はこの被保全権利に景観利益が含まれるかである。

　国立事件の抗告事件における東京高裁の決定が「それのみでは被保全権利の根拠とはなり得ない」と消極に解したことは前述した。しかし、名古屋白壁事件の名古屋地裁の決定は被保全権利の一内容として景観利益を認めることは十分に可能と述べこれを積極に解した。さらに、真鶴町眺望景観阻害事件における横浜地裁小田原支部の決定は、眺望利益の法的性質は個人の人格的利益または生活利益の一内容をなすものと述べつつもそれを被保全権利に含め、これに対する「侵害の程度は、客観的にも主観的にも甚大である」と認定して禁止的差止命令を裁定した。

　「被保全権利が既存の実体法理論の面から想定しにくい場合」にも「仮処分が認められるべき」とするものや被保全権利については「格別の制限はない。」とする学説があることに鑑みて、被保全権利の内容に景観利益等を含める上掲の積極説が妥当というべきである。

　また、保全の必要性の認定の基礎にある「著しい損害」とは何かという問題がある。これに債権者の私的権利利益としての景観利益に対する損害が含まれることはいまや明らかであるが、それを超える公益的損害すなわち集合的・集団的利益ないし公共の利益である景観の価値に対する損害が含まれるか否かである。

　景観侵害の重畳性ということを認める本書の立場ではこれまた積極に解すべきということになる。

　学説では「仮処分制度は、本来私的利益の保護に奉仕する制度であるから、

公益的損害は民訴法760条の損害に当らないとするのが、伝統的見解である。ただ、実務上では、財産上の損害あるいは精神的損害との関連において、公益的損害を認めるのが一般である。」とする見解が示され、この見解を「公益的損害の避止をもって、保全の必要性を肯定する」ものとして支持する意見がある。

要するに、私権の保護との関連において公益的損害を顧慮することができるとするのが現今の多数説であろう。

仮処分に関する司法判断においては、参照条文として専ら上記引用の法規だけを掲げるもののほか、しばしばもう1つとして民法709条が根拠条文として挙げられる場合がある。これはどう解したらよいのであろうか。

例えば相手方債務者の建築行為によって現に損害が発生し続けていて、かつその行為が不法行為の成立要件を満たしているような場合には、その不法行為の停止を目的に禁止的差止命令を裁定できるのは当然である。

しかし、現に損害が惹起されているとはいえないものの、ある行為がなされると著しい損害が生ずる蓋然性が高く、しかもその危険が切迫しているというような場合にも不法行為的構成が可能になるのかという疑問がある。どうかするとそれも可能とする考えがあるかもしれない。

ただ、不法行為法はあくまでも事後の侵害救済法理としてその効力が予定されているとみる判例・通説の立場では、事前の侵害予防のためその法規を援用することは不適切ということになる。そうすると、この場合には上記の手続き法に拠るほか、不法行為法規範以外の他の実体法上の法規定すなわち民法1条3項の権利の濫用あるいは公序良俗違反等に根拠を求めることにならざるを得ない。

4 差止違法性の要件

(1) 相関関係説の適用と利益衡量の基準

景観利益判決が違法性の判断基準として相関関係説を採用したものであることは前述した。その判決は利益衡量の要素として「被侵害利益である景観利益の性質と内容、当該景観の所在地の地域環境、侵害行為の態様、程度、侵害の

経過等」を明示し、このうち特に侵害行為の態様等に焦点を当てて「社会的に容認された行為としての相当性を欠く」ものか否かの一般的な要件もしくは規準を示したのにとどまり、被侵害利益である景観利益の性質及び内容または景観被害の事実及びその侵害の程度については踏み込んだ法律判断を示していない。

「受忍限度」という言葉は、生活妨害ないし公害の裁判事例において特に不法行為的構成のもとで多用されてきた。それが比較的小規模の生活妨害事例で加害・被害につき立場の交換可能性を有するよう場合には用いられることに違和感はない。

しかし、それが良好な景観侵害の事例において用いられることには必ずしも賛成できない。かような事例では一般に加害・被害の立場の交替可能性あるいは互換性が認められないからである。しかも、受忍限度という言葉の語感には建築事業者の権利行使は適法行為なのであるから近隣住民は少々の被害は我慢すべきといったニュアンスが付きまとうように思えるからである。

景観侵害事例でも何らかの利益衡量がなされることは不可避である。無論それが「裸の利益衡量」とならないように厳しい歯止めが必要となる。

そこで、景観侵害の差止請求権の存否の判断基準をより明確にするために、判断要素とされるべきものを以下に列挙しておきたい。

①地域固有の良好な景観が現存すること、②その良否・美醜が客観的に決せられるものであること、③その客観的価値（景観の公共性あるいは非代替性も含む。）の侵害が認められること、④景観利益に対する著しい被害ないし損害が認められること、⑤景観侵害の重大性の考慮（以上の④及び⑤については後述する。）、⑥当該地域及び近隣の地域性が重視されるべきこと、⑦地域住民等の景観の形成・維持についての貢献度の考慮、等（以上は被侵害利益の側から見た要素である。）。

⑧刑罰法規・行政法規違反の有無、⑨公序良俗規範等（地域的ルールを含む。）の違反の有無（後述する）、⑩侵害行為の経緯、⑪行為・事業等の社会的有用性・公共性、⑫被害回避の可能性、⑬情報開示・説明義務等手続き規範の違反の有無、⑭害意・悪意あるいは故意・過失の有責性の要素の考慮、等（以上は侵害

行為の態様の側から見た要素である。)。

　景観侵害事例において以上の要素のどれに重みづけを与えるべきかいうことはかなり難しい問題であるが、それらについては特に上記④⑤及び⑨が重要な要素となるかと思われるのでそれを取り出して以下検討する。

　(2)　侵害行為の態様と公序良俗違反

　侵害行為が、景観法・景観条例などの明示の客観的な景観利用の法秩序・法規範に違反する場合には違法とされることに異論はない。一方で、建築行為などが都市計画法・建築基準法などの公法上の数値基準を満たしている場合であっても、それらは「最低の基準」[19]とみるべきであるから、それだけでは違法性がないとはいえない。

　問題は、「顕現的法規が欠けている場合にも公序良俗に反し、法律秩序を破るものとして違法と評価することができる」[20]場合、すなわち平成18年判決が述べる「公序良俗違反や権利の濫用に該当し」「侵害行為の態様や程度の面において社会的に容認された行為としての相当性を欠く」場合とは何かということである。

　この問題に関しては、「公序良俗違反や権利濫用といった民法上の概念を民法的観点から解釈することを通じて、民法がどのようにすれば行政法規とは異なる形で景観の保全・形成に貢献しうるかを議論していくべきであろう。」[21]との的確な指摘がなされてきた。

　公序良俗は「法律の最高理念」[22]である。これを受けて、民法1条は権利行使の指導原則を定めている。同条1項の「公共の福祉」には地域住民が共同で享受している景観利益が含まれると解してよい[23]。これに反するような「地域適合性」[24]を欠く不合理で非自然的な土地所有権の行使ないし土地利用は本条に違反するだけでなく、公序良俗違反ともなり得る。

　ただ、従来本条の適用については「公共の福祉の名のもとに個人の権利行使を制限することには慎重でなければならない。」[25]とする権力主義的公共性による私権の制限に対する警戒からの消極説が優勢であって、それはまた当然のことであるが、景観利益の享受が市民的公共の福利の内容ともなっている場合には、これを侵害する財産権の行使が違法となり得ることは別個の問題である。

同条2項は信義誠実の原則を定める。高層マンションの建築事業者などは、当該の計画建築物が周辺の良好な環境や景観と調和しこれを損なうものでないことを客観的なデータに基づき近隣の住民らに誠実に情報を提供し説明する義務がある。この義務違反は本条の違反として違法性の考慮事由となる。

同条3項の権利濫用の禁止規定の解釈において判例・通説が客観説を採り、侵害行為に害意または故意がなくても権利濫用となり得るということは前述した通りである[26]。

なお、侵害行為の態様と被侵害利益との比較衡量に当たって、事業者から事業の公共性・必要性・社会的有用性などが主張されるけれども、公共の利益でもある景観利用秩序を損なってまでそれをいうことにはおのずと限度があるというべきである。

（3）　地域的ルールとは何か

先に、地域適合性を欠く不合理で非自然的な土地利用は場合によっては公序良俗違反（社会的妥当性の欠如）となり得ると指摘した。そのような土地利用が地域的ルールあるいは地域的公序に違反した場合には、その違反に対するサンクションとして差止請求が可能とする学説が出されてきた[27]。

問題なのは地域的ルールとは何かである。それらは「不文律の約束事[28]」「暗黙の共同拘束の合意[29]」「地域的慣行・慣習[30]」などであろう。

この地域的ルールは、景観法・景観条例等による明示の法規の中に徐々に採り入れられることが望ましい。しかし、そこに至る過渡期においては、その法的拘束力を認めることができるのかが問題とされ批判されている。

「あらかじめ第三者に表示されている必要があろう。[31]」「地域的ルール＝慣習といえるためには、それが外部の者にとって相当明確であること、それについて社会的承認があることが必要があると考えられる。[32]」「それは、地域的ルールが地域内で認知され、相当期間そのルールで運用されていること、そして新規参入者も知りうる状態になっていること、である。[33]」などの見解である。

これらの学説では、地域的ルールといえどもそれが明確に知り得る状態になっていないと「新たに土地に関わる者に不測の損害を与え[34]」ることになりかねないとの懸念がある。

確かに、法的安定性・法の予測可能性の要請は極めて重要である。ただ、景観利用秩序のルールが、法の適用に関する通則法第３条で認められる「法令に規定されていない事項に関するもの」として慣習法（不文法）にまで高められているような場合には、たとえそれが明確に表示されていなくても法と同一の効力を有することには殆ど異論のないところであろう。

また、地域的ルールが慣習法に高められていなくとも生ける法としての事実たる慣習として社会的承認を得ている場合があることも否定できない。慣習法と事実たる慣習とを問わずに、それが明確に知り得る状態になっていない（つまり外部に表示されているとはいえない）とその地域の事情を良く知らない他所の新規参入業者などに不測の損害を与えるおそれがあることは事実である。

しかし、そのような場合といえども、新規参入業者の側にも、不測の損害・リスクを避けるために事業計画を進めるに当たって、地元の自治体との折衝や住民説明会などを通じて情報を交換し合い協議する過程において、共同拘束のルールが存在するかどうかを細心の注意を払い見極める責務・注意義務があるというべきである。

この責務・注意義務を怠り結果として景観侵害に対する予防的・禁止的差止命令あるいは妨害排除差止命令が出され当初の事業計画の見直し・中止などを余儀なくされたとしても、一概に不測の損害を受けるということにはならないと思う。特に予防的差止めであれば、経営判断・政策判断の変更をすれば足りるからである。

それはともかく、次のことだけはあえて指摘しておきたい。

そもそも、不動産事業者の殆どが法人格を付与された現代市民社会（資本主義社会）の主要な構成員にほかならない。したがって、ただ消極的・受け身の姿勢でしぶしぶと地域的ルールに従うということではなく、市民とともにもっと積極的に望ましい街づくり、地域づくりのルール（法準則）をつくり出す使命があるといえるのではないか。

(4) 景観侵害による被害または損害とは何か

「景観というのは景色がいいということであり、目障りだからやめてくれというのが景観利益で、振動や騒音などと違って、これはそんなに深刻な被害と

は言えません。それは多分に感情的なものでそうした感情的なものは建築基準法では規定されていないのです。」。

以上は国立事件の控訴審でY側の訴訟代理人が述べた弁論である[36]。この論はおそらく景観被害は主観的なものに過ぎないとする大方の意見を代弁しているといえる。

景観被害の主観性ということで思い起こすのは「目隠しフェンス設置等請求事件」の最高裁判決である[37]。この事件は、本件上告人（葬祭事業者）が経営する葬祭場内で執り行われる棺の搬入または搬出等が道路の向かいに対面し位置する被上告人の２階建て居宅から見えないようにするため葬祭場の目隠しフェンスをより高いものにするよう作為的差止請求等がなされた事案である。本件１審・控訴審判決ともに１審原告居住者の請求を認容したが、最高裁は「棺が本件葬儀場建物に搬入又は搬出される様子が見えることにより、強いストレスを感じているとしても、これは専ら被上告人の主観的な不快感にとどまる」と判示し、逆転判決を下した。

以上に対して、私は「通常、人が、日常的に強いストレスを感じ続けたら、やがて健康不安を来し、精神的・情緒的被害を受け、健康を損なうおそれがあることは、全くの想定外とでもいうのであろうか。」と疑問を提起しておいた。

本件は景観事件と事案を異にするが、最高裁判決が市井の市民の生活上の利益に生ずる被害を軽くみるという点では同じである。

英米のニューサンス法においても、審美的ニューサンスの被害事例では、「被告の土地建物の醜悪さということは、原告及び被告の権利の比較衡量において考慮される。しかし、趣味は異なり、審美的判断の基準はあてにならないと考えられるが故に、裁判所は不適切で見苦しい光景がニューサンスとなると判断することに消極的であった。」といわれている[38]。

ただし、この種の審美的ニューサンスにおいても、相手方に敵意、害意のようなものがあれば別であり、また「がらくたの車でいっぱいの前庭や霊安室はそれらが全く近隣の地域性に不適合とされる場合には、たとえその被る影響がただ視覚上の知覚や嫌悪感から生じるものであったとしても、ニューサンスになるとされることがあり得る。」と述べられている[39]。つまり、ニューサンスの

終章　景観利益判決を超える地平

成立要件では土地利用の「非合理性」が重視されるということである。

　ここで留意されるべきは、視覚上の知覚または嫌悪感から生じる主観的損害に対してもニューサンス（生活妨害）が成立する可能性が示唆されていることである。

　ごく普通の市民ないし住民の感受性を標準として，著しい不快感、醜悪感、不自由感、圧迫感、違和感などを生ぜしめ、「アメニティの利益」[40]の侵害ともいうべき被害・損害を惹起する景観利益の侵害は違法性の判断にとって重要な要素とされるべきである。

　この点に関して以下の2つのことが留意されなければならない。

　第1に、景観利益の侵害はいわゆる消極的侵害であり、"negative effects"を生じせしめるものに過ぎないから比較衡量において重みをおくべきではないと考えるのは妥当でない。景観侵害は客観的形象としての景観を破壊するものであるから、むしろ積極的侵害の要素があるといえるからである。

　また、「消極的侵害」とは近隣の土地からの排気ガス、騒音・振動及び悪臭などの有害物質等の発出や侵入がないという意味で用いられる限りで適切な用語であるが、それ以上の意味があるわけではないと考えるべきである。つまり、「消極的」という言葉には消極的侵害による被害・損害は軽微なものに過ぎないといったニュアンスが感じられ、それによる生活被害は切実なものでないといった誤解を与え易い。しかし、消極的侵害が積極的侵害とほぼ同様に主観的損害並びに知覚可能な財産的損害の両様の被害を与える例は幾らでもある。

　第2に、イギリスニューサンス法では、特に主観的損害につき被害者側の「異常な感受性」("Abnormal Sensitivity")または「過度の感受性」("Nature of Hypersensitivity")ということが被害者に不利な事情として考慮されることがある[41]。これは何もイギリスに限ってのことでなく、わが国においても「多分に感情的なもの」「主観的な不快感」などと決めつけて受け入れられ易い事情がある。

　これを景観被害・損害にそのまま当てはめることには賛成できない。景観紛争事例を見ればわかるように、原告はごく普通の市民・住民である。貴族のような上層階級の人々が享受しているようなエレガントで優美のかつ贅沢な、広いお屋敷からの眺望景観美の侵害などを問題にしているのではないからである。

平穏な市民生活においてささやかに当たり前に享受してきた日常の風景・環境がある日から突然に（住民の方にいわせれば「寝耳に水」ということになる。）改変・改悪されることになり、いわばアメニティを損なうことに対して強い憤りを感じるのである。これを「過剰な感受性」「特異な感情」「多分に感情的な被害」などといって切り捨てることが正当といえるであろうか。明確に否と答えておきたい。

　ただ、景観侵害による被害・損害は主観的損害という側面があることは否定し難い。また、その被害の程度やあるいは損害の数量的な算定は困難を伴うものであり、かつこれを事実に基づいて証明することも容易でない。これは目下法律実務家ないし法学者に課された重い問題であり、もっと究明されるべき焦眉の研究課題と受け止めるべきである。

　その際には、景観侵害は直接的には健康被害を引き起こすものとはいえないが、長いタイム・スパンで考えるときに、景観のゆがみが「やがて人々の心をむしばみ、都市生活そのものの荒廃を招く[42]」おそれがないといい切れるであろうかということも念頭に入れておく必要があろう。

（5）　景観侵害の重大性

　標題のテーマは景観利益の被害ないし損害とも密接に関連することであるが、ここではやや観点を変えて検討を加える。

　重大な景観侵害とは、景域として地形的地理的範囲で画される広がりを有する景観のうちコアのところが破壊されることである。景観の視点場は複数あり得るから、主な視点場から視界に入るそれぞれの客観的な形象が大きく崩されることも重大な景観破壊といえる。

　また、重大な景観侵害においては、その景観の客観的な価値の侵害に密接な利害関係を有する者に著しい醜悪感、違和感、喪失感、不快感、圧迫感などの精神的・情緒的被害が生じ得ることは前述した通りであり、この要素を考慮することも重要である。

　景観侵害の重大性の認定に当たっては、景観利益侵害の重層性に鑑みて住民個々人の景観利益の侵害のみならず、その集合的・集団的利益の侵害及び公共財としての景観侵害の程度も含めてトータルになされなければならない。

終章　景観利益判決を超える地平

　なお、この被侵害利益の重大性の認定では、行政事件訴訟法上の差止め・仮の差止め訴訟に関して規定する同法37条の４第１項の「重大な損害」や同法37条の５第１項の「償うことのできない損害」の解釈が参考となる。

　「重大な損害」「償うことのできない損害」とは、鞆の浦訴訟で差止めを認容した判決の言葉を借りれば一度毀損されると「これを復元することはまず不可能となる性質のもの[43]」であり、また、同事件の広島地裁決定がいう「本件埋立てが着工されれば、焚場の埋立てなどが行われ、直ちに鞆の浦及びその周辺の景観が害され、しかも、いったん害された景観を原状に回復することは著しく困難であるといえる。[44]」ということである。

　注意すべきは、景観侵害の不可逆性がその侵害の重大性の客観的な指標となることは論をまたないが、けれども景観侵害に対する妨害排除原状回復の請求が認められる場合を想定に入れると、必ずしも侵害の不可逆性が絶対的な要件として求められるということにはならない。良好な景観の絶対的損失は極力回避されるべきことはいうまでもない。ただ、そこに至らなくても侵害の重大性が認められる場合には差止請求が許されるというべきである。

　かつて、日光太郎杉事件で東京高裁判決は、土地収用法20条３号所定の事業計画が土地の適正且つ合理的な利用に寄与するものであることという要件は、その土地がその事業の用に供されることによって得らるべき公共の利益と、その土地がその事業の用に供されることによって失われる利益（この利益は私的もののみならず、時として公共の利益をも含むものである。）とを比較衡量する、と述べており[45]、鞆の浦の事案でも、「『埋立てによって失われる権利者の利益』については、権利者が有する直接の権利利益の他に、景観的価値や環境の保全等の価値といった公共の利益も含まれると解されている。」との「回答」[46]が出されているのが参照に値する。

　民事の仮処分の裁判で差止めを認めた眺望阻害事件のうち、京都岡崎有楽荘事件、宮城松島海岸事件の各決定では、その理由が付されていないが、申請人にとっての私的権利利益としての眺望阻害だけでなく、明らかに周辺の景観破壊をも顧慮して仮処分認容となったことがうかがわれる[47]。

　いうまでもなく、差止めの効果は個人的権利利益の侵害の救済にとどまらず

広汎に及ぶのであるから、景観侵害の重大性という違法要件では公共的利益の侵害が考慮されるのは事理の当然である。

Ⅳ　おわりに

本書の執筆に当たってつくづく感じたことはやはり建築事業者の「建築の自由」ともいえることが非常に強いということである。

イギリスの「ハンター事件」の貴族院判決はテレビの受信妨害といった今日的な問題に対してさえニューサンスの成立を拒んだ。これは今時の社会通念からいえば全く「時代遅れ」の判決といえよう。

その拒否の主な理由の1つとして、本件事業者は、再開発事業につき行政当局の計画許可（planning permission）の付与がありそれに適法に従っている限り、自己の所有する土地にその欲するがままに超高層のタワービルを建てることは自由であり、その建築物の存在が近隣の住宅に（数年の間だけだったにせよ）テレビ受信障害を引き起こしたとしても、その建築物から何がしかの好ましくないものが発出されているわけではなく、BBCが送る電波の受信をただ消極的に妨害しているに過ぎない（つまり消極的侵害）ということである。

これでは、彼の国においても「計画なければ開発なし」という原則が存在しない、あるいは存在するとしてもそれが十分に機能していないということであろう。

その事件は本書で取り上げた景観利益の侵害事例と事案を異にする。

ただ、都市の公共的空間の分断がされると周辺の環境が大きく改変され、住民ないし市民の生活環境の快適性をいかに損なうものであるか（本件ではテレビ受信障害のみならず都心と繋ぐ道路工事の粉塵の飛散に対しては家に居る主婦や子供たちがひどく悩まされたことや、またおそらく以前に享受していた開放的な眺望が損なわれたであろうことが容易に推量される。）といったことの好個の事例であり、本書の主題とも関係し多少の参考になればと考えて言及したのである。

景観利益の侵害に対する司法審査の道を開いておき、そこに至る道筋を示すことが法律学に突き付けられた課題であると受け止めて論を進めてきた。私が

終章　景観利益判決を超える地平

絶えず心に留めてきたことは果たして学問的な批判に耐え得るであろうかということであった。そのため、個人的な思いを極力抑制し客観的な記述になるよう、各章にできるだけ多くの参照文献を掲げその文献の発表年を記入する試みもした。

　景観侵害のケースに対して司法による救済の門戸を開いておき、そのための救済の法理を探究することが本書の目的であった。

　繰り返しになるけれども、本来ならば良好な景観の形成・維持は第1義的には景観法・景観条例等による法制度の格段の整備拡充によってなされ、景観侵害が未然に防止されることこそが先決である。そのための関係者のより一層の取り組みに期待する。

1) 　原島重義「開発と差止請求」法政研究46巻2～4合併号（1980年）121頁。
2) 　広中俊雄『新版民法綱要第1巻総論』（創文社、2006年）19頁。
3) 　吉田克己「民法学と『公共性』の再構成」創文444号（2002年）4頁参照。
4) 　中島晃「景観問題に関する覚書—都市空間の劫掠と対峙して」京都自治研究6号（2013年）34頁参照。
5) 　原島・前注1) 121頁、広中・前注2) 19頁。
6) 　宮沢俊昭「集合的・公共的利益に対する私法上の権利の法的構成についての一考察（3）」近畿大学法学56巻3号（2008年）55頁以下。
7) 　山本敬三「基本権の保護と不法行為法の役割」広中俊雄責任編集・民法研究5号（2008年）127頁。
8) 　滝井繁男『最高裁判所は変わったか——一裁判官の自己検証』（岩波書店、2009年）234頁参照。
9) 　私のほかにも、景観利益が「帰属」するとみることができると述べる学説には次のようなものが挙げられる。大塚直「環境権（2）」法学教室294号（2005年）113頁、同「国立景観訴訟最高裁判決」NBL834号（2006年）5頁、吉田克己「景観利益の侵害による不法行為の成否」ジュリスト1332号（2007年）84頁、同「景観利益」中田裕康ほか編『民法判例百選Ⅱ債権〔第6版〕』（有斐閣、2009年）157頁参照。
　　なお、本書第3章Ⅱ-1及び第4章Ⅱ-4で引用した確立した判例の理論でも「それが帰属する個々人の個別的利益」というように「帰属」という用語を使っていることが留意されてよい。
10) 　大西有二「公法上の建築隣人訴訟（1）～（4）」北大法学論集41巻1号～4号（1990年～1991年）1頁、71頁、63頁、61頁、山本隆司『行政上の主観法と法関係』（有斐閣、2000年）310頁参照。
11) 　早川和男「日照問題の背景」『特集　日照権』（有斐閣、1974年）32頁。
12) 　疎明の方法は、法定されている証拠方法のほか「在廷している限り、裁判官の心証形

成に役立つあらゆる方法を用いることができる。」(松本博之『民事執行保全法』(弘文堂、2011年) 504頁。

13) 上原敏夫ほか『民事執行・保全法〔第2版補訂〕』(有斐閣、2009年) 268頁。
14) ただし、これら建築禁止の差止命令の決定に対しては、いずれも債務者から保全異議の申立てがされ、それが認められる決定が出されたようなので、おそらく当事者が互いに譲歩するかたちで決着を見たということであろう。
15) 中野貞一郎『民事執行・保全法概説〔第3版〕』(有斐閣、2006年) 379頁。
16) 上原ほか・前注13) 268頁。
17) 柳川眞佐夫『保全訴訟〔補訂版〕』(判例タイムズ社、1976年) 127頁以下。
18) 野村秀敏『保全訴訟と本案訴訟』(千倉書房、1981年) 253頁以下。
19) 楠本安雄「都市建築の地域適合性」判タ355号 (1978年) 20頁。一方で、不動産事業者等にとっては、自己の所有になる土地の使用は本来「自由」なのであるから、建築基準法等の規準を順守すべきことは当方にとって「最低の基準」どころかむしろ厳しい「最高の基準」であるかのように見えるということなのかもしれない。
20) 藤岡康宏「不法行為と権利論」早稲田法学80巻3号 (2005年) 167頁以下、末川博『権利侵害論』(日本評論社、1944年) 341頁参照。
21) 秋山靖浩「民法学における私法・公法の<協働>」法社会学66号 (2007年) 45頁。
22) 我妻榮『事務管理・不当利得・不法行為〔復刻版〕』(日本評論社、1988年) 143頁。
23) 広中・前注2) 135頁以下参照。そこでは、「1条1項の命題は民法上の命題であるということの確認である。民法において『公共』が問題となる余地は存しないという (ありうべき) 考え方は、1条1項で否定されているとみるべきであるし、正当でもない。」とされている。また、同説では「他人の享受しうべき生活利益を『生活利益秩序』に反して害する者または害するおそれのある者が生活妨害を停止又は避止すべき立場におかれることはありうる。」(前掲20頁) とされ、秩序違反の違法性を理由に差止請求が認められ得るとしている。これは、景観侵害事例にとって極めて示唆に富む。
24) 楠本・前注19) 4頁。
25) 四宮和夫・能見善久『民法総則〔第6版〕』(弘文堂、2004年) 16頁。
26) 我妻・前注22) 144頁・146頁参照。
27) 吉田克己「『景観利益』の法的保護」判タ1120号 (2003年) 71頁、吉村良一「景観の私法上の保護における地域的ルールの意義」立命館法学316号 (2008年) 449頁。
28) 矢作弘「不文律の約束事として守られてきた望ましい都市景観」地域開発464号 (2003年) 26頁。
29) 国立事件において1審原告によって主張された。同事件では、当該の土地は国立市都市景観形成条例のもとで「景観形成重点地区候補地」に指定されていたのであるから、「暗黙」どころか地域的ルールとして「表示」されていたともいえよう。
30) 大塚直「環境権(2)」法学教室294号 (2005年) 113頁、同「国立景観訴訟最高裁判決の意義と課題」ジュリスト1323号 (2006年) 76頁など参照。
31) 長谷川貴陽史「景観権の形成と裁判」法社会学63号 (2005年) 138頁。
32) 大塚直「環境訴訟と差止の法理」平井宜雄教授古稀記念論文集『民法学における法と政策』(有斐閣、2007年) 730頁。
33) 礒野弥生「国立マンション差止請求控訴審判決」環境と公害34巻4号 (2005年) 45頁。

終章　景観利益判決を超える地平

34)　大塚・前注32) 721頁。
35)　福井秀夫「景観利益の法と経済分析」判タ1146号（2004年）77頁参照。
36)　石原一子「新しい『パブリック』の担い手としての市民運動」首都大学東京 都市教養学部都市政策コース監修『景観形成とまちづくり―『国立市』を事例として』(公人の友社、2008年) 63頁。
37)　最判平成22・6・29集民234号159頁、裁時1510号4頁、判時2089号74頁及び判タ1330号89頁。本判決の批判的検討として拙稿「目隠しフェンス設置等請求事件判決の総合的研究」関東学院法学22巻1号（2012年）55頁。
38)　Dan B. Dobbs, Paul T. Hayden, Ellen M. Bublick,THE LAW of TORTS, 2 nd ed.vol. 2 (2011) pp.632-633.
39)　op. cit. Dobbs, etc.
40)　「アメニティの利益」については第4章で英米法における定義とその例示を示した。その利益と景観利益とはいかなる関連があるのかは比較法の本格的な研究テーマとして提起されているといえる。

　　本書のテーマである景観利益はアメニティの利益の典型的な一内容となるというのが私の結論である。

　　その用語の母国イギリスでは、有力な学問的著作の傾向は、例えば現代の市民生活においては居宅においてテレビを見るといった娯楽は、日照、通風、静穏な居住環境、眺望の良さ及び景観などと同様にニューサンス法の救済を受けるに足る生活利益（つまりアメニティの利益）であるとみており、また、その利益（人格的利益）は土地に対し排他的な占有権を有しない「居住者」等（土地の所有者等の配偶者並びにその子供等）にも認められ、土地の排他的な占有者と並んでその侵害ないし侵害のおそれに対しては訴える権利を有するとするのがおそらく多数説ではないかと思われる。

　　しかし、第4章で取り上げた「ハンター事件」の貴族院判決は、数年にわたり生じたテレビ受信障害に対して多数の住民が損害賠償を請求した事件においては、5名の裁判官全員の一致した意見によりニューサンスの責任を否定した。

　　そのうち、4名の裁判官の多数意見は、「私的ニューサンスは土地の侵害に対する不法行為であり、土地に対する利益を有する者だけが訴え可能である。」とする伝統的でかつ厳格な解釈に依拠するものであり、人格的な利益侵害ないし人身損害は発展が著しい過失（negligence）不法行為によって救済が図られるべきであるとした。

　　ただ一人Lord Cooke裁判官の理由はそれと異なり、侵害を受けている土地の占有者であれば、所有権や排他的な占有権を有しない者であってもニューサンスに対する訴えは可能とするものであった。それはまた、権利侵害が人格権侵害か財産的損害かあるいはまたアメニティに対する損害かは問題ではないとする解釈に立つものかと思われる。これは本件の控訴院判決で述べられた3名の裁判官の一致した意見を是認するものであった。

　　さらにまた、この意見は、ニューサンスの成立要件では被告の土地利用が「地域性」の考慮のもとで「非合理的使用」といえるか否かということが重要であって、被侵害利益が「積極的侵害」によるものか「消極的侵害」によるものかという区別がその成否の決定的な要素になるわけではない、との考えに立つものであろう。

　　このCooke卿の反対意見こそ、おそらく環境保護におけるニューサンスの役割について

唯一名前を挙げるに値するものであり、これは驚くに当たらない、と評価する意見が出されている（Janet O'Sullivan,"Nuisance in the House of Lord － Normal Service Resumed" C.L.J.vol.56（1997）p.483）。

　また、身体被害及び心理的被害または財産上の被害に対する損害賠償は私的ニューサンスではなくむしろ過失不法行為による救済に訴えるべきであるとする考え（上掲の多数意見）は、「少なくとも次の３つの理由から不満足なものである。」と学説から批判されている。すなわち、「その１つは、ニューサンス不法行為の核心は過失に基礎づけられた非合理性という概念にあることを明らかに考慮し損なっていること、その２つは、何故に、アメニティの損害に対する責任の基礎づけが、人身損害や財産損害に対する基礎づけより（幾つかの意味においてニューサンスの責任の方がより厳格であると思っている）権利主張者にとってより好ましいと考えられているのか、そのことの説明に失敗していること、その３つは、もし、要求される当事者適格を有するならばニューサンスを理由に訴え可能となる権利侵害を被っている者ではあるが、ただ、一個の人間としてはニューサンス訴訟の当事者適格を欠く者は、人身損害や財産損害に対しては過失を理由に訴求をなし得るのに、アメニティの損害に対してはなぜそうすることができないのかその説明を欠いていること、である。」（Peter Cane,"What a Nuisance"L.Q.R.vol.113（1997）p.515）。

　以上の指摘は実に興味深い。

41）　Winfield & Jolowicz, TORT 18th ed.（2010）pp.719-720. R. A. Buckley, The Law of Nuisance 2nd ed.（1996）pp.14-15.
42）　中島・前注４）38頁。
43）　広島地判平成21・10・1判時2060号52頁。
44）　広島地決平成20・2・29判時2045号115頁。
45）　東京高判昭和48・7・13判時710号33頁参照。
46）　鞆の浦事件において国土交通省関係部局から示された「埋立免許に際しての公有水面埋立法第4条第3項の適用について（回答）」文書より。
47）　富井利安「眺望・景観の保護と裁判事例の道標」修道法学31巻1号（2008年）4頁参照。

初出一覧

序　章　書き下ろし。
第1章　眺望・景観訴訟判例の概観
　　　　以下の論考をベースに全体を大幅にリライト（書き直し）した。
　　　　①「序章　眺望・景観訴訟判例の概説」判例大系刊行委員会編・牛山積編集代表『大系　環境・公害判例　第7巻　自然保護、埋立、景観、文化財』（旬報社、2001年）162頁、②「眺望・景観訴訟判例の分析と法理論上の課題」環境法政策学会誌第5号『温暖化対策へのアプローチ』（商事法務、2002年）176頁、③「眺望・景観の保護と裁判事例の道標」修道法学第31巻1号（2008年）1頁。
第2章　景観の法的保護
　　　　「意見書：景観の法的保護について」広島法学第27巻1号（2003年）143頁。
第3章　景観利益の侵害の私法的救済
　　　　「意見書：景観利益の侵害の私法的救済について」広島法学第29巻2号（2005年）245頁。
第4章　国立景観訴訟
　　　　以下の論考をベースに大幅にリライト（書き直し）した。
　Ⅰ－1～2　①「68　国立高層マンション景観侵害事件」淡路剛久ほか編『環境法判例百選』（有斐閣、2004年）162頁、②「〔826〕国立市高層マンション景観侵害事件」谷口知平編集代表『判例公害法』（新日本法規出版、1971年）追録第138・139同綴号（2004年）〔コラム〕8350ノ219頁及び〔評釈〕8350ノ305頁。
　Ⅰ－3　①「国立景観事件（民事）東京高裁判決について」法律時報第77巻2号（2005年）1頁、②「〔828〕国立高層マンション景観訴訟（民事）控訴審判決」上掲『判例公害法』追録第148・149同綴号（2006年）〔コラム〕8350ノ397頁及び〔評釈〕8350ノ452頁。
　Ⅰ－4　①「〔830〕国立高層マンション景観訴訟上告審判決」上掲『判例公害法』追録第158・159合併号（2007年）〔コラム〕8350ノ597頁及び〔評釈〕8350ノ612頁、②「景観利益判決を超える地平」、修道法学第32巻2号（2010年）67頁以下、③「75　国立高層マンション景観侵害事件」淡路剛久ほか編『環境法判例百選〔第2版〕』（有斐閣、2011年）172頁、④「景観利益判決の射程」関東学院法学第22巻2号（2012年）5頁以下。
　Ⅱ－1～5　上掲修道法学第32巻2号61頁以下。

Ⅲ－1〜7　①上掲修道法学第32巻2号69頁以下、②上掲関東学院法学第22巻2号7頁以下。
第5章　鞆の浦埋立免許差止め訴訟
「福山市鞆の浦埋立免許差止め訴訟広島地裁判決の総合的検討」関東学院法学第20巻2号（2010年）47頁。
第6章　景観利益判決の射程
「景観利益判決の射程」上掲関東学院法学第22巻2号14頁以下。
終　章　景観利益判決を超える地平
以下の論考をベースに大幅にリライト（書き直し）した。
①上掲修道法学第32巻2号71頁以下、②「景観利益の保護─民事法からのアプローチ」（社）韓国土地法学会・日韓土地法交流委員会・東亜大学校法学研究所編『第23回韓・日土地法学術大会主題発表論文集』（2013年）115頁以下（うち日本語125頁以下）。

■著者紹介

富井利安（とみい　としやす）

1942年　新潟県に生まれる
1966年　早稲田大学法学部卒業
1968年　早稲田大学大学院法学研究科修士課程修了
広島大学名誉教授・法学博士

Horitsu Bunka Sha

景観利益の保護法理と裁判

2014年10月31日　初版第1刷発行

著　者　富井利安
発行者　田靡純子
発行所　株式会社 法律文化社

〒603-8053
京都市北区上賀茂岩ヶ垣内町71
電話 075(791)7131　FAX 075(721)8400
http://www.hou-bun.com/

＊乱丁など不良本がありましたら、ご連絡ください。
　お取り替えいたします。

印刷：中村印刷㈱／製本：㈱藤沢製本
装幀：石井きよ子
ISBN 978-4-589-03631-5

Ⓒ2014 Toshiyasu Tomii Printed in Japan

JCOPY 〈(社)出版者著作権管理機構 委託出版物〉
本書の無断複写は著作権法上での例外を除き禁じられています。複写される
場合は、そのつど事前に、(社)出版者著作権管理機構（電話 03-3513-6969、
FAX 03-3513-6979, e-mail: info@jcopy.or.jp）の許諾を得てください。

富井利安編〔αブックス〕 **レクチャー環境法**〔第2版〕 A5判・284頁・2600円	日本の環境・公害問題の歴史と環境法研究の最新の理論動向をふまえ、基礎と全体像がつかめるようにわかりやすく概説した入門書。生活者であり、かつ法的主体である市民の視点から環境問題と法との関連を取り上げる。
大塚 直編〔〈18歳から〉シリーズ〕 **18歳からはじめる環境法** B5判・104頁・2300円	法がさまざまな環境問題をどのようにとらえ、解決しようとしているのかを学ぶための入門書。通史をふまえた環境法の骨格と、環境問題の現状と課題を整理。3.11後の原発リスクなど最新動向にも触れる。
吉村良一・水野武夫・藤原猛爾編 **環 境 法 入 門**〔第4版〕 —公害から地球環境問題まで— A5判・296頁・2800円	環境法の全体像と概要を市民(住民)の立場で学ぶ入門書。Ⅰ部は公害・環境問題の展開と環境法の基本概念を概説。Ⅱ部は原発事故も含め最新の事例から法的争点と課題を探る。旧版(07年)以降の動向をふまえ、各章とも大幅に見直し、補訂した。
日本弁護士連合会／公害対策・環境保全委員会編 **公害・環境訴訟と弁護士の挑戦** A5判・284頁・3000円	日本の典型的な公害環境訴訟において弁護士が挑んできた軌跡とその到達点を俯瞰し、環境法の発展に果たした役割を考察する。訴訟に実際に取り組んだ弁護士がその経緯や争点・課題を詳述。ロースクール生の格好の教材。
小畑清剛著 **コモンズと環境訴訟の再定位** —法的人間像からの探究— A5判・236頁・2700円	環境訴訟の詳解を通し、コモンズと法的人間像の交錯を理論的・実証的に探究。公害法原理や環境権の生成過程および将来世代への責任について抽出し、コモンズが示唆する疎外なき社会への再生と希望を訴える。
斎藤 浩編 **原発の安全と行政・司法・学界の責任** A5判・250頁・5600円	原発再稼働に注目が集まる昨今、福島原発事故を招いた行政とそれを支えた司法、学界の責任を明らかにする。事故に至るまでの裁判で何が争われたのか、法理論的な課題は何かを第一線の弁護士と研究者が論究する。

———法律文化社———

表示価格は本体(税別)価格です